KB186025

K FOOD

한식의 비밀·둘

한식의 비밀 · 둘

자문 · 정혜경

요리 · 조희숙

밍밍하다 · 싸다 · 비비다

밍밍하다
싸다
비비다

무미無味가 만드는 순환과 역설의 문화

밍밍하고 슴슴한 멋, 아무나 다가설 수 없는 이지러진 멋을
보여주는 도예가 신경균의 분청 덤벙사발.

한국인은 평생 밍밍하고 슴슴한 밥에 집요한 그리움을 안고 산다.
그 밍밍한 쌀밥에 슴슴한 조연이 되는 재료들.
왼쪽부터 찰보리, 강낭콩, 율무, 작두콩, 검정보리, 압맥이다.

햇찰기장
(국)
원산지 표시 위반사항
햇율무
(국)
품명
햇늘린보리
혼합곡(국)
귀리
(국)
찰현미(국)
차 조(수)
메 조(수)

서울 경동시장의 잡곡 가게. 멥쌀, 찹쌀, 백미, 현미, 보리, 기장, 메밀, 차조, 귀리, 율무 등 곡류와 강낭콩, 반달콩, 콩나물콩, 병아리콩, 완두콩, 팥, 녹두 등 두류가 한데 모여 있다.

머리글

밥, 밍밍하다

쌈, 싸다

밥, 비비다

밍밍하다

싸다
비비다

모든 것은 무미의 밥맛에서 시작되었다

글 · 정혜경(호서대학교 식품영양학과 교수)

쌀을 계량하는 데 쓰던 쌀되.
밀대로 쌀을 밀어내는 양에 따라
인심이 후한지, 박한지 가늠하곤 했다.

① 우주나 인간의 모든 현상을 음陰·양陽 두 원리의 소장消長으로 설명하는 음양설陰陽說과 이 영향을 받아 만물의 생성과 소멸을 목木·화火·토土·금金·수水의 변화로 설명하는 오행설五行說을 함께 묶어 이르는 말.

한식은 온 우주를 담고 있는 음식이라 해도 과언이 아니다. 음식 하나에 여러 가지 색깔과 다양한 재료, 형형색색의 고명, 갖은양념 등을 다 담아내기 때문이다. 혹자는 이를 두고 복잡하고 질서가 없다고 말하기도 한다. 하지만 한식에는 카오스적 우주 질서를 담고자 한 옛사람들의 지혜가 녹아 있다.

이른바 동양에서는 음양오행설①에 의한 우주론이 중요한 철학이었다. 한국인은 이 음양오행 원리를 음식으로 구현한 민족이다. 양이 하늘을 상징한다면 음은 땅을 상징하는데, 음양이란 어디까지나 상대적이다. 음은 땅을 상징하지만 땅 위의 만물이 모두 음은 아니며, 이는 다시 음과 양의 세계로 구분된다. 즉 만물에는 음양이 있고, 동일한 사물 내에도 음양이 있으며, '음' 속에도 음과 양이 있고, '양' 속에도 음과 양이 있다. 1권 '한국적 맛에 담긴 비밀' 24쪽

내가 네가 되고, 네가 내가 될 수 있다는 생각, 즉 한 가지 재료나 한 가지 맛을 정하지 않고 조화를 이루는 한국 음식의 특징이 바로 여기서 나온다. 질서 없이 모든 것이 뒤섞인 듯 보이지만, 음식마다 우주 원리가 살아 숨 쉰다. 식물성 식품으로 여기는 김치에도 동물성 식품인 젓갈이 들어가고, 여기에 발효 과정까지 거치면 전혀 상상할 수 없는 맛이 만들어진다.

밥만 먹고 살 수 있나, 반찬만 먹고 살 수 있나

한식의 기본 구성은 밥과 반찬으로, 한국인은 밥을 제외한 모든 음식을 밥에 곁들이는 반찬으로 여긴다. 밥과 반찬이 어우러져야 비로소 한 끼 식사가 된다고 여긴다. 또 한식의 왕 중 왕은 '밥'이라 생각한다. 한국인은 반찬을 먹으려고 밥을 먹는 게 아니라, 밥을 먹기 위해 김치나 간장 같은 발효 음식을 반찬으로 먹는다. 한국인이 맛있는 반찬,

예를 들어 잘 익힌 간장게장이나 맛깔나는 젓갈, 장아찌를 '밥도둑'이라고 하는 이유다. 한마디로 한식은 밥이 없으면 성립되지 않는다. 이는 메인 요리 중심의 서양과는 전혀 다른 식사 체계다. 심지어 식사 체계가 한국과 비슷한 중국과도 다소 다르다. 중식의 기본 구성은 판(飯)과 차이(菜)다. 판은 주식으로 밥이나 국수같이 곡류로 만든 음식을 뜻하고, 차이는 육류·채소 등 다양한 재료로 만든 요리를 이른다. 그러나 판과 차이는 서로 독립적이며 종속적 관계가 아니다. 각각 그것만으로도 한 끼 식사가 될 수 있다. 그러나 한식의 밥과 반찬은 단독으로 한 끼 식사가 될 수 없다.

물론 최근에 와서 한식은 변화했다. 서양식이나 중국식처럼 한식을 코스로 접대하는 상차림 방식이 일반화되고 있는데, 이는 당연한 시대의 흐름이다. 다른 아시아 나라들도 각각 고유의 상차림 문화가 있지만, 자국 음식을 세계에 내놓고 접대하는 과정에서 대부분 이러한 코스형 상차림 문화로 바뀌었다. 접대 문화에서 가장 효율적인 방법이기 때문이다. 하지만 어느 나라든 실제 음식을 만들 때는 접대보다 자신과 가족을 위한 상차림이 주가 되기 마련이다. 한국인의 일상식에서도 여전히 주류를 이루는 것은 주식인 밥과 이를 먹기 위한 반찬을 함께 먹는 주·부식형 상차림이다. 영양적으로 보아도 대개 탄수화물 성분인 곡류 주식, 식물성 식품과 동물성 식품으로 이루어진 반찬 두세 가지로 구색을 맞추면 특정 영양소를 과잉 섭취하는 문제가 없으면서 5대 영양소의 균형을 맞추기 좋다.

실제로 한식의 건강성은 쌀과 같은 곡물을 주식으로 하되 부식으로 김치, 나물을 비롯한 다양한 채소와 약간의 동물성 식품을 섭취하는 채식 위주의 식단에서 비롯한다. 이처럼 쌀을 주식으로 하고 채소를 곁들이는 주·부식 식단의 건강성은 한식이 생활습관병으로 고통받는 지구인을 위한 미래 대안 음식으로 손색이 없음을 증명한다.

② 1860년 최제우가 민간신앙과 유교, 불교, 도교를 융합해 창시한 민족 종교. 나랏일을 돕고 백성을 편안하게 한다는 보국안민輔國安民을 내세운 점에서 민족적이고 사회적인 종교라 할 수 있다. 1894년 그동안 다져온 만민 평등의 이념이 기반이 되어 동학농민운동이라는 사회 개혁 운동이 일어났다.

③ 고구려 건국신화의 주인공인 주몽의 어머니.

④ 한국의 고대소설 <흥부전> 주인공. 인색한 형 놀부에게 쫓겨나 가난하게 살다 구렁이를 피하던 제비를 구해준다. 이듬해 봄 제비가 물고 온 박씨를 심었고, 열매 맺은 박 속에서 온갖 금은보화가 나와 부자가 된다.

사실 한국인에게 밥은 밥 이상의 의미다. 동학[②]의 제2대 교주였던 해월 최시형은 "밥이 하늘(한울님)이다"라고 말했다. 한국인이 밥을 얼마나 소중하게 여겼는지 알 수 있는 말이다. "밥이 보약이다"라는 믿음도 한국인에겐 익숙하고 굳건하다. "밥 한 알이 귀신 열을 쫓아낸다"라는 속담을 보아도 한국인에게 밥이 얼마나 소중한 존재인지 짐작하고도 남는다. 지금은 또 어떤가? 아직도 많은 한국인은 '한국 음식'이라고 말하는 순간 '김이 모락모락 나는 희고 기름진 쌀밥'을 연상한다. 이 땅의 어머니들이 집 나간 자식을 기다리면서 구들목에 묻어두었던 것도 흰쌀밥이었고, 유화부인[③]이 집 떠나는 아들 주몽의 손에 쥐여준 것도 곡물 씨앗이었다. 흥부[④]의 박에서 제일 먼저 나온 것도 금은보화가 아닌 흰쌀밥이었다. 그만큼 쌀밥은 한민족과 가깝다. 떨어질 수 없는 운명 공동체 같은 존재다.

오미五味의 음식? 육미六味의 음식?

한민족은 오랜 세월 동안 오미, 즉 신맛(酸), 쓴맛(苦), 단맛(甘), 매운맛(辛), 짠맛(鹹)을 기본으로 여기고, 이 다섯 가지 맛의 조화를 중시했다. 서양에서는 매운맛을 맛으로 보지 않고 통각으로 분류하지만, 한민족은 매운 통각 자체도 맛으로 분류해 맛 체계 속에 집어넣는다. 이 다섯 가지 맛이 어우러진 발효미는 어떤 의미에서는 다섯 가지 맛의 총체적 맛이라 할 수 있다. 3권 '복합 맛의 결정체, 된장과 간장' 34쪽

또 한국인은 맛과 계절의 조화까지 고려해 봄에는 신맛이, 여름에는 쓴맛이 많아야 하며 가을에는 매운맛이, 겨울에는 짠맛이 많아야 한다고 생각했다. 봄에는 추운 겨울을 지난 우리 몸이 나른해지므로 비타민을 섭취해야 하는데, 이때 새콤하게 무친 봄나물은 몸에 좋은 보약이라고 생각했다. 너무 더워 입맛이 떨어지는 여름에는 인삼·

당귀·쑥 같은 여러 약재의 쓴맛을 통해 몸의 기를 보하려 했으며, 가을에는 긴 겨울을 나기 위한 준비로서 미리 매운맛으로 열기를 더해 몸에 따뜻한 기운을 불어넣으려고 했다. 날씨가 건조하고 찬 바람 부는 겨울엔 체내 수분 증발량이 늘어나므로 수분을 보충하기 위해 짠맛을 선호했다.

오색五色을 빼고 한식을 말할 수 있나

한식은 본디 아름다움을 중시해 음식을 만들 때 늘 오방색(적赤·청青·황黃·백白·흑黑)의 조화를 염두에 두었다. 현대 한국인에게 익숙한 빨강·주황·노랑·초록·파랑·남색·보라의 일곱 가지 서양 색에는 흰색이나 검은색이 포함되지 않는다. 반면 한국의 오방색은 다섯 가지 색임에도 흰색과 검은색을 중요한 색으로 분류했다. 그냥 남겨둔 여백도 흰색을 칠한 것이나 마찬가지로 여겼다. 그래서 음식을 만드는 과정에서도 흰색과 까만색을 중요한 색감으로 사용했다. 달걀흰자를 분리해 고명으로 쓰고, 흑임자와 석이버섯 같은 다양한 까만색 음식 재료를 중요하게 여겼다. 최근 서양에서 불고 있는 블랙 푸드 열풍을 보면 한국 음식의 색감이 일찍이 더 다양했음을 알 수 있다.

식품 재료도 다섯 가지 곡식을 상징하는 오곡(쌀·보리·콩·조·기장), 다섯 가지 과일인 오과(복숭아·자두·살구·밤·대추), 다섯 가지 가축인 오축(소·양·돼지·개·닭)으로 다양하고, 어느 쪽으로도 기울어지지 않는 맛의 조화를 최우선으로 했다. 보통 차고 더운 두 가지 온도 질서 체계를 중시하는 서양과 달리 한국인은 차고, 덥고, 따뜻하고, 서늘하고, 평온한 다섯 가지 성질(한寒·열熱·온溫·량涼·평平)을 각각 구분해 이를 맛에 응용했다. 한국인은 뜨거운 음식을 먹고도 "아, 시원하다"라고 말한다.

적·청·황·백·흑의 오방색
조각 천을 조합해 만든 복주머니. 한민족은 새해
첫날 복주머니를 차면 만복이 온다고 믿어
새해맞이 선물로 복주머니를 주고받았다.
허동화·박영숙 컬렉션, 서울공예박물관 소장.

⑤ 24절기 중 첫째 절기로 태양의 황경黃經이 315도일 때를 이른다. 보통 양력 2월 4일경으로, 이날부터 봄이 시작된다고 여겼다.

⑥ 당파를 이루어 서로 싸우던 일.

입춘에 즐기는 오신반. 원래 파, 마늘, 달래, 부추, 흥거로 만들어 먹었으나, 지역이나 계층에 따라 쌉쌀하거나 신맛 나는 나물로 만들기도 했다.

오신채를 먹으면서 인생의 고통을 참으라

한민족은 기나긴 겨울을 지난 입춘[5]에 오신채五辛菜 또는 오신반五辛飯이라는 나물 음식을 먹었다. 다섯 가지 매운맛과 색깔이 나는 햇나물의 모둠 음식으로 파, 마늘, 달래, 부추 그리고 지금은 찾아보기 어려운 흥거가 그 재료였다. 이 다섯 가지 재료는 불교나 도교에서는 먹는 것을 금하는 식물이었지만, 일반 민속에서는 화합과 융합을 상징하는 식품으로 여겼다.

입춘에 햇나물을 먹는 이유는 신선한 채소를 통해 겨우내 결핍된 영양소(주로 비타민과 무기질)를 보충하기 위함이었다. 여러 가지 나물 가운데 노랗고, 붉고, 파랗고, 검고, 하얀 다섯 가지 나물을 골라 먹었는데, 오행의 철학을 밥상에서 실천한 셈이다. 노란색 싹을 무쳐 그릇 한복판에 놓고, 동서남북에 청·적·흑·백의 사방색四方色이 나는 나물을 놓았다. 조선의 임금은 사색당쟁四色黨爭[6]을 하지 말라는 정치 화합의 의미로 신하들에게 오신채를 하사하기도 했다. 오신채의 또 다른 의미는 이 험한 세상 살아가는 데 다섯 가지 괴로움, 즉 맵고, 쓰고, 시고, 쏘고, 짠 오신채를 먹음으로써 인생의 다섯 가지 고통(人生五苦)을 참으라는 처세의 교훈도 담겨 있다.

고명에도 음양오행 철학이 깃들어 있다

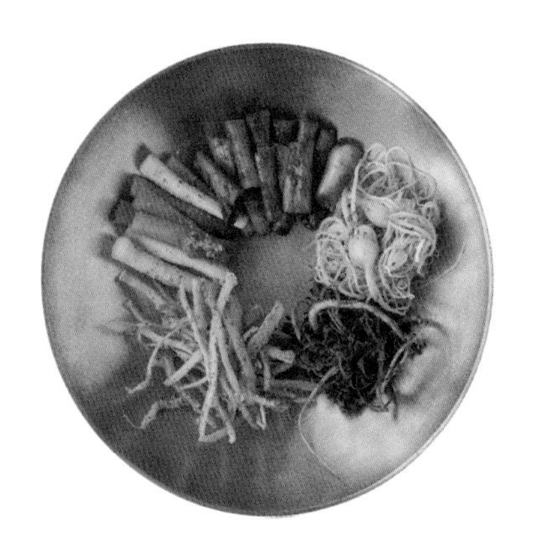

고명은 '음식의 모양과 빛깔을 돋보이게 하고 맛을 더하기 위해 음식 위에 뿌리거나 얹는 장식'이다. 한국 음식의 마무리는 고명이 한다. 달걀지단을 예로 들어보자. 전 세계인이 달걀을 먹지만 달걀을 노른자와 흰자로 분류해 조리하고, 요리 마지막 단계에 생명을 불어넣는 도구로 삼는 나라는 한국이 거의 유일하다고 할 수 있다. 한식의 고명은 식품이 지닌 자연 색조를 이용하는네, 바로 음양오행설의 다섯 가

⑦ 껍데기를 벗긴 잣 알맹이.
⑧ 미나리 줄기를 꼬치에 가지런히 꿴 후 밀가루를 묻히고 달걀을 입혀 지진 음식.

지 색인 오색이 대표적이다. 음식을 만든 후 우주를 상징하는 음양오행론의 오방색 고명으로 마무리해 만든 이의 숨결을 불어넣었다.

그렇다면 고명에는 어떤 재료를 쓸까? 흰색 고명으로는 껍질 벗겨 하얗게 볶은 깨와 달걀흰자 지단·실백⑦·흰 파 등을 쓰고, 노란색 고명으로는 달걀노른자 지단을 쓴다. 파란색은 미나리·호박·오이채 등, 빨간색은 실고추·고춧가루 등, 검은색은 석이·표고·목이버섯 등으로 색을 낸다. 음을 상징하는 동물성 식품과 양을 상징하는 식물성 식품, 그리고 오색과 오미가 어우러진 재료를 고명으로 사용한다.

1권 '그릇 위 화룡점정, 고명' 133쪽

잔치 음식인 잔치국수를 살펴보자. 흰 국수를 장국에 말아 그릇에 담고, 황백 지단채를 올리고, 미나리로 만든 미나리초대⑧를 얹고, 실고추와 석이채를 조금씩 얹는다. 거기에 고기로 만든 완자라도 얹으면 전혀 다른 음식으로 재탄생한다. 유난히 손재주가 뛰어난 한민족은 거의 신기에 가깝게 달걀지단을 얇게 부치고 또 유난히 가늘게 석이채를 썰 수 있었기에 마지막 장식으로 음식의 격을 높일 수 있었다. 고명은 한국적 표현의 마지막 음식 장식이 아닐 수 없다.

양념(藥念)의 철학

한국 음식에서 빼놓을 수 없는 것이 양념이다. 약 약藥 자에 생각할 념念 자를 썼으니, 그야말로 약을 짓는다는 생각으로 양념을 음식에 사용한 것이다. 서양에서는 대표적 향신료인 후추를 얻기 위해 콜럼버스가 세계를 탐험하던 중 아메리카 대륙을 발견했다고 할 정도로 향신료 문화가 발달했다. 향신료 역사가 곧 음식의 역사라고 해도 과언이 아닐 정도로 향신료에 대한 서양인의 집념은 아주 강하다. 그러나 서양인은 한국인처럼 향신료를 음식에 사용할 때 '약'의 의미까지 담

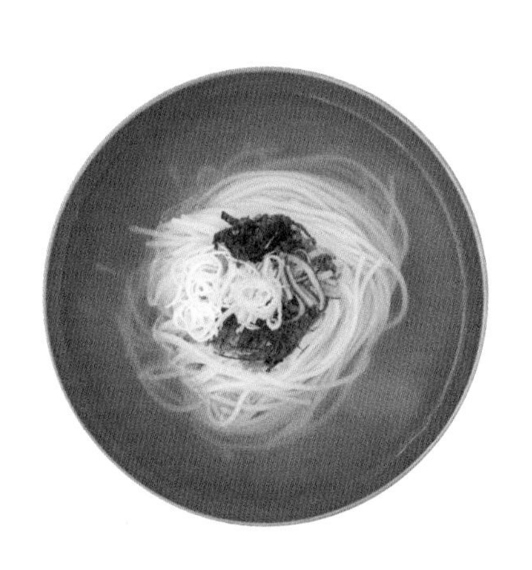

오방색 고명을 얹은 잔치국수.

지는 않았고, 음식에 향을 더하는 것을 더 중시했다.

한국의 양념은 음식 맛을 배가하기 위해 쓰는 중요한 식재료였다. 음식을 만들 때 재료가 지닌 좋은 향기와 맛은 그대로 살리고, 좋지 않은 맛은 상쇄시키기 위해 양념을 사용했다. 즉 누린내나 비린내 같은 좋지 않은 냄새를 없애거나 중화하기 위해 향기가 독특한 양념(파·마늘·생강·산초·후추·계피 등)을 적당량 사용해왔는데, 이는 하나같이 몸을 보해주는 중요한 약재이기도 하다.

또 한국인이 기본적으로 쓰는 양념으로 소금과 간장, 된장, 고추장 같은 콩을 발효시켜 얻은 장류가 있다. 그리고 참기름과 들기름도 대표적 양념인데, 서양에서는 주로 음식을 튀기거나 볶는 데 사용하는 식물성기름을 한국인은 맛을 내는 재료로 사용했다. 참기름과 들기름은 고소한 맛뿐 아니라 몸에 필요한 필수지방산을 공급해준다. 특히 들기름에는 오메가-3 지방산이 풍부해 심혈관계 질병 예방에 도움을 준다.

그 외에도 단맛을 내는 꿀과 설탕이 있고, 맵고 자극적 맛을 내는 실고추·고춧가루·계핏가루·겨자 등을 효율적으로 사용했다. 집집마다 고유한 맛을 내기 위해 '가시'라는 식초균으로 식초를 직접 만들어 집안 대대로 내려오며 사용하는 전통이 구한말 무렵까지 있었다. 이것만 봐도 한국인이 얼마나 양념을 중시했는지 알 수 있다. ➦ 1권 '조미료를 넘어 약, 한식 양념' 130쪽

21세기인이여, 섞고 비비고 싸라

21세기 새로운 문화 키워드는 '융합'이라고 한다. 융합이란 무엇인가. 단순히 무엇과 무엇을 합하는 것을 넘어 모든 것을 뒤섞고 비비고 최종적으로 감싸 기존 모습과는 다른 새로운 것을 창조하는 문화, 이

게 바로 융합 문화다. 한식은 섞고, 비비고, 싼다. 융합 문화의 표본이라 할 만하다.

한국인은 매운맛을 즐기는 민족으로 널리 알려져 있다. 여기서 짚고 넘어가야 할 것이, 고추의 매운맛을 효율적으로 음식에 잘 응용해 독특한 요리를 만든 민족이지 매운맛만 즐긴 민족은 아니라는 점이다. 한국 음식의 특징을 제대로 모르다 보니 최근에 매운맛만 한국의 맛인 듯 내세우는 경향이 있다. 한국인도 외국인도 마찬가지다.

사실 대부분의 한국 음식은 맵지 않다. 특히 서울 반가 음식의 경우 그 맛의 중요성은 담백한 맛에서 나온다. 오히려 강한 맛이 나지 않는 담백미가 서울 반가 음식의 맛이다. 이는 곧 한식의 특징이기도 하다. 조화미도 한국 음식의 중요한 맛이다. 조화미는 다양한 식재료를 사용하면서도 각자의 맛이 자기주장을 하지 않고 어우러지는 것, 누구의 맛도 아닌 전체의 맛, 융합의 맛을 의미한다. 어우러짐의 정신으로 만드는 비빔밥이나 구절판, 잡채 같은 음식이 좋은 예다.

이러한 한식 특유의 융합성은 최근 서양식과 한식의 공존이라는 융합 형태로 나타나고 있다. 사실 서구의 식생활이 한국인의 식생활을 많이 점령했고, 특히 아이들의 식탁을 장악하고 있다. 그러나 이 또한 다양성을 끊임없이 추구하면서 늘 융합과 나눔의 문화를 만들어온 이들답게 제대로 섞고, 비비고, 버무려내고 있다.

보따리 민족의 쌈 문화

한국인은 '잘 싼다'. 오죽하면 한민족을 보따리 민족, 혹은 쌈 민족이라고 했을까? 이어령 선생은 <우리문화박물지>에서 한국인의 '보자기'를 이렇게 서술했다. "보자기는 싸는 물건의 부피에 따라 커지기도 하고, 작아지기도 하고, 또 물건의 성질에 따라 그 형태도 달라진

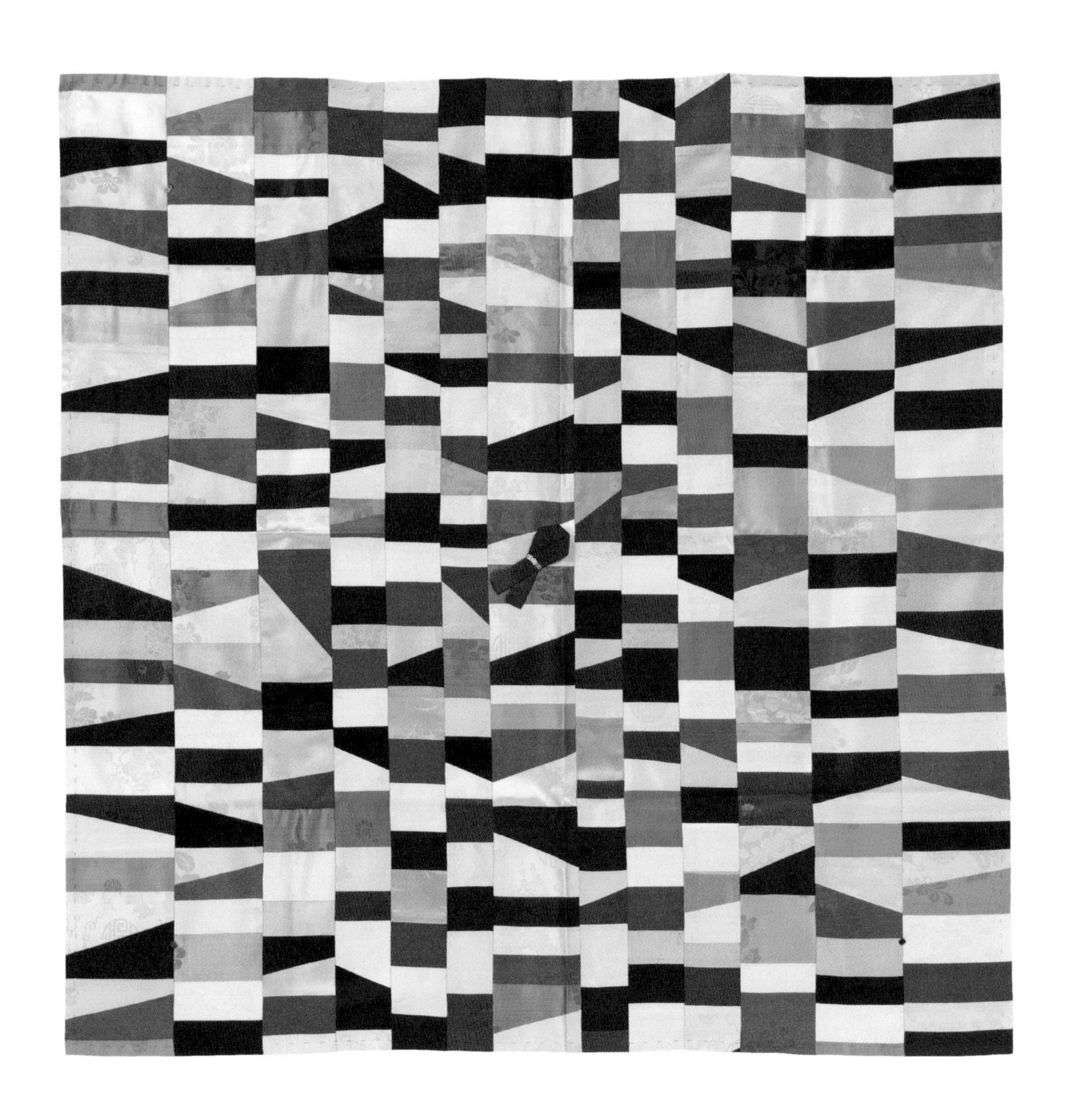

⑨ 이어령 지음,
<우리문화박물지>, 디자인하우스,
124~125쪽.

왼쪽 사진 · 자투리 천을 이어 붙여 만든 조각보. 한국인의 '보자기 문화'를 상징하는 사물이다. 창의적인 기하학 패턴이 특징으로, 현대의 공예품과 견주어도 뒤처지지 않는 디자인이다. 허동화·박영숙 컬렉션, 서울공예박물관 소장

다. 가방과는 달리 싸는 물건에 따라 모습이 달라진다. 네모난 것을 싸면 네모꼴이 되고, 둥근 것을 싸면 둥글어진다. (중략) 풀어버리면, 그리고 쌀 것이 없으면 3차원의 형태가 2차원의 평면으로 돌아간다. (중략) 이 융통성과 다기능. 만약에 모든 인간의 도구가 보자기와 같은 신축자재의 기능과 콘셉트로 변하게 된다면 현대의 문명은 좀 더 융통성 있게 달라졌을 것이다. (중략) 보자기에는 탈근대화의 발상이 숨어 있다."[⑨]

보자기의 융통성이 음식으로 옮겨간 것이 바로 한국인의 쌈이다. 바다 해조류인 김은 아예 싸 먹기 위해 얇은 사각 모양으로 건조해 두고두고 먹는다. 어디 그뿐이랴. 잎채소로는 무엇이든지 싼다. 생으로, 혹은 끓는 물에 데쳐서, 혹은 말려두었다가 싸 먹는다. 싸고 또 싸다 보니 구절판이라는 최고로 아름다운 음식까지 탄생했다.

한국인의 싸는 실력은 김치에서도 유감없이 드러난다. 배추김치를 대표 김치로 알고 있지만, 김치 종류는 무려 200~300여 가지에 달한다. 그중에서도 가장 아름답고 맛있는 김치를 꼽으라면 개성에서 담가 먹던 쌈김치(보김치)를 들 수 있다. 왜 쌈김치인가? 낙지나 전복 같은 고급 식재료를 넣어 배춧잎으로 보자기 싸듯 만든 김치이기 때문이다. 그뿐 아니라 보쌈은 삶은 돼지고기를 김칫소와 함께 배춧잎에 싸 먹는 음식이다. 돼지고기의 구수한 맛과 김칫소의 얼큰한 맛이 어우러져 특별한 맛을 낸다. 쌈김치와 수육이 조화를 이룬 음식이라 할 수 있다. 고기만 먹을 때의 비타민과 섬유소 부족은 쌈 채소로 보완한다. 뭐든지 싸서 먹는 한식의 결정판이 바로 돼지고기보쌈으로 발전한 셈이다. 삼겹살보쌈, 낙지보쌈, 떡으로 싸 먹는 떡보쌈 등 보쌈도 진화하고 있다. 하지만 뭐니 뭐니 해도 최고의 보쌈은 역시 홍어삼합이다. 삭힌 홍어를 가장 맛있게 먹는 방법은 묵은지에 삭힌 홍어와 삶은 삼겹살을 함께 싸서 먹는 것이다.

쌈 문화의 절정은 만두다. 만두는 중국 음식으로 알려졌지만 한국인은 만두조차 다르게 빚어 먹었다. 조선 시대 문헌에 등장하는 만두는 80여 종에 이른다. <조선왕실의궤朝鮮王室儀軌>에도 만두, 골만두, 어만두, 동아만두, 천엽만두, 생복만두, 수어만두, 진계만두, 황육만두, 양만두, 생치만두, 생합만두, 육만두가 등장한다. 만두소로 생복, 꿩, 닭, 생합 등 다양한 색 재료를 사용했다. 그리고 대부분의 나라에서는 만두피를 밀가루나 메밀가루로 만들지만 한국인은 달랐다. 어만두는 얇게 포 뜬 생선살을, 동아만두는 동아라는 채소를 만두피로 사용했다. 속이 비칠 듯 말 듯 얇은 동아피로 빚은 동아만두는 동아의 아삭아삭한 맛이 일품이다. 이처럼 만두에서도 다양한 식재료를 만두피와 만두소로 활용한 한민족은 과연 쌈의 민족이라고 할 수 있다.

'비비다'와 '빚다' 사이

한식은 "만든다"라고 하지 않고 "빚는다"라고 말한다. 그냥 빚는 것이 아니라 정성껏 손맛을 더해 빚는데, 이는 비비는 행위로 드러난다. 한민족의 대표적 발효 음식도 대부분 정성을 다해 비비는 손맛을 통해 완성된다. 김치도 양념을 비벼 넣어 완성하고, 장醬도 비벼 만들고, 식초와 젓갈도 모두 정성을 다해 비벼 만든다. 한식의 최고봉은 각각 다른 재료를 정성껏 섞고 비벼 만드는 음식이다. 비빔밥도 온갖 나물을 비벼서 완성하는데, 그 요리 행위에 세계인이 관심을 집중한 것이다.

한국인이 예부터 무색 무미한 하얀 쌀밥만 먹은 것은 아니다. 그들은 다양한 채소를 넣어 지은 채소밥도 즐겨 먹었다. 조선 시대 서유구[10]의 <임원경제지林園經濟志> '정조지'에는 오늘날 추어탕에 주로

육류나 해산물을 넣고 배춧잎으로 보자기 싸듯 감싼 보김치.

⑩ 조선 후기의 실학자. 농업기술과 방법 등을 연구해 농업 위주의 백과 전서라 할 수 있는 <임원경제지>를 저술했다.

⑪ 온갖 꽃이 불타오르듯 찬란하게 핀다는 뜻이다.
⑫ 꽃밥.

정성껏 비벼 만드는 한식의 최고봉, 비빔밥.

넣는 산초나 줄풀 열매, 연근, 연잎, 우엉 등을 섞어 지은 밥들이 나온다. 채소를 넣어 밥의 양을 늘려서 허기를 면함과 동시에 채소를 넣어 비벼 먹으면서 은은하고 그윽한 채소 향을 즐겼다. '풍류를 겸한 구황용 밥'이라고 할 만하다.

한국을 대표하는 비빔밥 또한 융합의 미학으로 만든 음식이다. 비빔밥은 잘 지은 밥과 몸에 좋은 온갖 채소, 그리고 약간의 쇠고기를 넣고 잘 섞어서 비빈다. 이때 양념으로 참기름·간장·고추장 등이 들어가는데, 이 양념이 다양한 맛을 이어주는 역할을 한다. 비빔밥은 채식과 육식의 비율을 8:2 정도로 잘 지킨 한 끼 음식이며, 비빔밥의 주요 재료인 나물에 비타민과 무기질 또한 풍부하게 들어 있다.

비빔밥은 모양도 아름다워 나물을 섞기 전 비빔밥 그릇을 보고 있노라면 잘 가꾼 꽃밭이 떠오른다. 노란 콩나물(혹은 숙주나물), 하얀 도라지나물, 나무의 자연색을 닮은 고사리나물, 그리고 조물조물 양념해 잘 볶은 쇠고기(혹은 선연한 붉은색 육회), 야들야들한 청포묵 등이 어우러지고, 고명으로 색색의 달걀지단과 완자 등이 곁들여진다. 그래서 '백화요란百花燎亂'⑪의 음식이요, '화반花飯'⑫이라 부른다. 음양의 조화, 오방색·오미의 조화를 함께 지닌 음식이니 음양오행의 철학을 구현한 음식이라 해도 과언이 아니다. 이렇듯 꽃처럼 아름답고, 완전히 뒤섞여 더 맛있어지는 맛의 상승효과를 내는 비빔밥을 먹고 있노라면 한민족의 특성과 많이 닮은 음식이라는 생각이 든다. 함께 섞이고 무리 짓기를 좋아하는 한민족의 특성이 잘 드러나기 때문이다.

비빔밥이 비교적 최근에 재창조한 음식이라면, 이것의 원조는 골동반骨董飯일 것이다. 섣달그믐에 집에 있는 음식을 다 섞어 함께 나누어 먹는 '섣달 골동반'과 안동 지역에서 발달한 '헛제삿밥'이 대표적이다. 제삿날이면 먹는 이 제사용 비빔밥은 신과 인간이 함께 먹

아무 맛도 없는 맛, 특별한 맛이 없는 맛, 바로 밥맛이
모든 한국 음식의 바탕이자, 기본이고 어머니다.
한국인은 이 무미의 밥을 비비고, 싸고, 섞어 먹는다.
무엇과 무엇을, 무엇부터 먼저 비비고, 싸고,
섞어 먹는가는 오직 먹는 사람 마음이다.
상 위에서, 입안에서 치러지는 한판의 공화주의 음식이
바로 한국 음식이다.

는 신인공식神人共食의 음식이라는 의미가 있다. 이 제사용 비빔밥이 얼마나 맛있는지 한국의 조상들은 제사를 지내지 않는 평상시에도 일부러 제사 음식을 만들어 비벼서 먹곤 했다. 그리하여 이름도 헛제삿밥이라 부르지 않았던가. 이렇게 탄생한 헛제삿밥이 이제는 안동 지역의 중요한 향토 음식으로 자리 잡았다. 헛제삿밥은 신이나 조상에게 바치는 음식이었기에 파, 마늘 같은 자극적인 양념을 빼고 각종 나물과 간간하게 간해 찐 조기, 도미, 상어 고기 등을 곁들여 밥을 비벼 먹었다.

이제 비빔국수를 맛볼 차례다. 보통 비빔국수 하면 초고추장에 버무린 맵고 신맛이 나는 새빨간 국수를 떠올릴 것이다. 그런데 원래 비빔국수는 그렇지 않았다. <동국세시기東國歲時記>에는 메밀국수에 잡채, 배, 밤, 쇠고기, 돼지고기, 참기름, 간납 등을 섞은 것을 '골동면'이라 수록하고 있는데, 이것이 바로 비빔국수다.

비비는 행위는 한국인이 즐겨 먹는 떡에서도 드러난다. "밥 위에 떡"이라는 말이 있을 정도로 잔치나 의례에 빠지지 않는 음식이 떡

⑬ 1940년 홍선표가 쓰고 조광사에서 출판한 책으로, 음식 조리법뿐 아니라 음식의 유래나 일화, 풍습 등을 기술했다. 특히 설렁탕의 어원이 수록되어 있는데, 아직까지는 검증해야 할 내용이 많은 책으로 평가받고 있다.
⑭ 조선 후기 영·정조 대에 당쟁을 막기 위해 당파 간 세력의 균형을 꾀하려 한 정책. 이는 결국 왕권 신장으로 이어졌다.

어떤 식재료든 섞어서 만들 수 있는, 음식 사치의 전형을 보여주는 신선로.

이다. 떡 중에서도 주로 빚어 만드는 떡이 있다. 곡식 가루를 반죽해 빚어 찌거나, 반죽을 끓는 물에 삶은 다음 고물을 묻히는 떡을 말한다. 이처럼 빚어 만드는 떡에는 송편처럼 빚어 찌는 떡, 단자처럼 쪄서 꽈리가 일도록 친 다음 다시 빚어 고물을 묻히는 떡, 경단처럼 빚어 삶아 고물을 묻히는 떡 등이 있다. 이렇듯 한국인은 떡도 정성을 다해 다양하게 빚어 먹는다.

섞다, 곧 합하다

'섞다'는 모든 것을 다 합한다는 뜻이다. 융합도 섞는 행위에서 출발한다. 이질적이든 동질적이든 모든 것을 섞어 전혀 새로운 것을 창조하는 행위인 융합을 완성하려면 섞는 행위가 전제되어야 한다.

흔히 한식을 대표하는 음식으로 외국에 소개하는 신선로는 그 유래가 여러 가지다. 그중 홍선표가 쓴 <조선요리학朝鮮料理學>⑬에 따르면, 조선 시대 선인 생활을 하던 정희량鄭希良이라는 사람이 화로 하나 들고 걸인처럼 다니면서 여러 가지 채소를 한데 섞어 익혀 먹던 음식에서 유래한 것이 신선로라는 것이다. 신선로는 온갖 동식물의 귀한 재료가 다 들어가 오묘한 국물 맛을 내는 최고의 음식이자, 음식 사치의 전형을 보여주는 것으로 알려져 있다. 그래서 왕실에서는 이 음식을 열구자탕悅口資湯(입을 즐겁게 하는 음식)이라 부르기도 했다. 하지만 귀천을 불문하고 어떠한 식재료든지 다 섞어서 만들 수 있는 음식이 신선로이기도 하다. 왕이나 신선이나 거지나 다 즐기던 융합의 음식이 바로 신선로다.

조선 후기 영조는 당쟁의 폐단을 없애기 위해 탕평책⑭을 펼쳤다. 이러한 탕평책의 의지를 잘 표현한 음식이 탕평채다. 탕평채란 다름 아닌 청포묵무침을 이르는데, 먼저 녹두에서 전분을 얻어 그것으

두루치기는 어떤 재료든 두루두루 섞어 새로운 맛을 창조하는 한국인의 융통성이 고스란히 드러나는 음식이다. 돼지고기두루치기, 오징어두루치기, 김치두루치기 등 섞는 재료에 따라 얼마든지 변화가 가능하다.

로 공들여 묵을 쑤어야 한다. 묵을 쑬 때는 불 조절을 잘해야 하고, 마지막 뜸 들이기 과정도 중요하다. 아주 약한 불에서 충분히 뜸을 들여야 비로소 야들야들한 형태의 묵이 완성된다. 이렇게 쑨 녹두묵을 잘게 썬 다음 미나리, 숙주나물과 같은 채소, 양념해 볶은 쇠고기, 채 썬 배 등을 섞은 후 초간장을 넣어 새콤달콤하게 무친다. 고명으로 황백 달걀지단과 김을 올리는 것도 필수다. 이렇게 온갖 재료가 뒤섞인 일종의 골동채骨董菜 나물을 '사색당파를 섞어 합하는' 탕평책을 논할 때 먹었다는 것이다. 그야말로 명실공히 융합 정신을 담은 음식이라 할 만하다.

현대의 융합 음식

일부 지역에서 향토 음식으로 알려진 두루치기는 이제 한국의 '전국구' 음식이 되었다. 대개 음식은 재료 이름이나 조리법을 음식명에 담기 마련인데, 두루치기란 음식명에는 이 음식에 대해 알 수 있는 힌트가 전혀 없다. 두루치기는 말 그대로라면 냄비에 여러 가지 재료를 두루두루 넣고 섞어 익혀 먹는 음식이라고 볼 수 있다. 전통 한식에는 이와 비슷한 찌개나 전골도 존재한다. 그런데 왜 굳이 두루치기란 이름을 붙였을까? 어떤 재료든지 두루두루 섞는 것에 중점을 두고 새로운 맛을 낸 음식이어서가 아닐까. 돼지고기가 주인공이면 돼지고기두루치기, 김치가 주인공이면 김치두루치기 식으로 낙지두루치기, 두부두루치기 등으로 부르는 것이다. 어떤 두루치기도 가능한데, 이는 어떤 융합도 가능하다는 의미로 읽힌다.

그리고 한국전쟁으로 어렵던 시절 우연히 만들어져 2대, 3대로 이어지며 여전히 사랑받고 있는 한국인의 부대찌개가 있다. 미군 부대에서 흘러나온 소시지나 햄 등이 주재료로, 거기에 한국의 대표 음

식 이름인 찌개 혹은 전골이 붙었다. 서양 음식의 상징인 소시지와 햄, 치즈 등에 한국 음식인 김치와 고추장, 고춧가루, 두부와 떡가래 등이 한 냄비 안에서 두루 어우러진다. 두 대륙의 서로 다른 맛이 한 냄비 속에서 뜨거운 국물과 함께 무르녹아 국경과 세대를 초월한 별미로 승화한 것이다. 부대찌개는 한국 여인들의 천부적 눈썰미에서 비롯한 것으로, 지금도 계속 새로운 맛으로 거듭나고 있다. 섞을 줄 알고, 융합할 줄 아는 한국 여인들의 요리 DNA가 만들어낸 작품이 부대찌개다.

그럼 짜장면은 한식일까, 중식일까? 한때 이는 SNS상에서 뜨거운 논쟁의 주제였다. 짜장면은 중국어로는 자장몐zhajiangmian(炸醬麵)이라 하며, 장을 볶아 면과 함께 먹는다는 뜻이다. 그러나 이제 동남아 등지에서는 한국식 짜장면이 인기리에 팔리고 있다. 짜장면의 원조는 중국이나, 다른 나라에서는 한식으로 여기는 음식이다. 중국의 짜장면이 이 땅에 들어온 것은 1883년 이후로, 인천항을 통해 한국에 온 산둥반도의 중국인 노동자들이 고국 음식을 재현해 먹은 것에서 출발한다. 이후 1905년 인천 차이나타운에 들어선 '공화춘'이라는 식당에서 메뉴로 처음 내놓았고, 이때 한국인의 입맛에 맞춰 다양한 재료와 캐러멜이 함유된 춘장을 개발했다. 한국전쟁 이후 미국은 원조라는 이름으로 밀을 지원했는데, 쏟아져 들어온 값싼 밀가루와 국내에서 많이 생산하는 양파·당근을 넣은 뒤 춘장 소스로 볶은 새로운 음식이 탄생했다. 중국, 미국, 한국 세 나라의 융합이 만들어낸 음식이 바로 짜장면이다.

"밥은 생긴 모양만 하얀 것이 아니라
그 맛도 무이며 공허다.
그러나 짜고 매운 반찬들과 어울리면
밥은 새로운 맛을 띠게 된다.
한국 음식은 밥과 반찬의 틈새에서만
존재한다."_이어령

한겨울, 밥이 식지 않도록 이불 속에 밥그릇을
묻을 때 쓰는 그릇 덮개. '밥멍덕'이라 불렸고,
밑을 막지 않은 원통형이었다.
©본태박물관

밥,
밍밍하다

한국인이 밥 먹는 방법 먼저 살피자

글·주영하(한국학중앙연구원 한국학대학원 교수)

한국의 밍밍한 맛, 슴슴한 맛의 바탕은 바로 쌀밥이다.
토종벼를 연구하는 우보농장에서 재배한 함부르벼.

조선 시대 양반 남성의 '개별형+공간 전개형' 상차림 사진. 백성현(명지전문대학 커뮤니케이션디자인학과 교수) 소장.

미국 뉴욕에 거주하는 음식·건강 칼럼니스트 케이트 브래츠키어Kate Bratskeir는 <이팅 코리안Eating Korean>의 저자 세실리아 해진 리Cecilia Hae-Jin Lee에게 전화로 한국 음식 먹는 방법에 대해 물었다. 그러자 "모든 반찬은 공용이다(All banchan is communal)"라는 말이 전화기 너머로 들려왔다. 무슨 말인가 물으니, "한국 음식점에 가면 밥 한 공기와 국 한 대접만 개인용이고, 다른 음식은 대체로 모두 나눠 먹어야 한다"라는 답이 돌아왔다.

모든 반찬은 공용이다?

일본의 문화인류학자 이시게 나오미치(石毛直道)는 세계 각 지역의 상차림 방식을 크게 나누면 '개별형'과 '공통형'이 있다고 보았다. '개별형'은 한 사람 앞에 놓이는 음식이 오직 그 사람만 먹도록 차린 상차림 방식이다. 요즘 서양식 레스토랑의 정찬이 이에 해당된다. 이에 비해 '공통형'은 식탁에 앉은 사람이 대부분의 음식을 공유하도록 차린 상차림이다. 또 배식 방식도 '시계열時系列형'과 '공간 전개형'이 있다고 보았다. '시계열형'은 요즈음 서양식 레스토랑에서 전채와 메인 디시 그리고 후식을 내는 배식 방식이다. 이에 비해 '공간 전개형'은 제공하는 모든 음식을 한꺼번에 식탁에 내놓는 배식 방식이다. 20세기 내내 한국인은 가정에서나 음식점에서나 '공통형+공간 전개형'의 식사 차림을 좋아했다. 그래서 한국식 상차림은 "밥과 국만 개인의 것이고, 나머지 모든 반찬은 공용이다"라고 말할 수 있다.

그러나 조선 시대 한 집안의 가장은 '개별형+공간 전개형' 식사를 했다. 그러한 사실을 알려주는 오래된 사진엽서 한 장이 있다. 이 사진을 촬영한 장소는 어느 양반 집 대청마루다. 주인공은 20대 중반쯤으로 보이는 남성이다. 그의 앞에 놓인 식탁은 나무로 만든 고급 개다리소반(구족반)이다. 이 사진을 촬영한 시점이 1884년(고종 21년) 시행한 복제服制 개혁 이후임을 주인공의 옷차림을 통해서 확인할 수 있다. 소반 위의 밥상을 보면 주인공 위치에서 왼쪽에 밥그릇, 오른쪽에 국그릇이 놓여 있다.

그 앞에는 종지 2개, 보시기 2개, 접시 2개가 자리 잡고 있다. 주인공이 앉은 마룻바닥의 오른쪽 무릎 옆에 대접도 하나 놓여 있다. 이 대접은 생선뼈나 이물질을 뱉어내는 타구다. 사진엽서 아래에는 프랑스어로 "CORÉE. Bon appétit!", 즉 "조선 사람, 맛있게 드십시오!"라는 문구가 쓰여 있다.

조선 후기 양반 남성의 '개별형+공간 전개형' 상차림을 확인할 수 있는 자료가 이 사진엽서만 있는 것은 아니다. 1911년에서 1923년 사이에 일본식 관공서 용지에 필사된 <시의전서是議全書>의 '반상식도'에는 구첩·칠첩·오첩반상과 곁상·술상·신선로상 상차림이 그려져 있다. '반상식도'란 '상차림 그림'이라는 뜻이다. 곧 소반에 음식을 차릴 때의 배치법을 그린 그림이다. 구첩반상이나 칠첩반상이나 오첩반상에는 아랫부분에 모두 밥(반飯)과 국(갱羹)이 표시되어 있다. 밥과 국이 한 그릇인 걸로 보아 1인용 밥상을 기준으로 그린 것이다.

이 중에서 구첩반상의 '반상식도'에 대해 살펴보자. 식탁 아래쪽에 밥과 국이 있고 밥 위쪽 가운데에 초장(간장+식초), 겨자, 간장과 양조치, 생선조치, 맑은조치가 시계 방향으로 그려져 있다. 밥 옆의 외곽에는 시계 방향으로 젓갈, 자반, 전유어, 수육, 김치, 회, 나물, 쌈, 생선구이, 고기구이가 자리한다. 이 1인용 상에 놓인 음식은 모두 열여덟 가지다. 반상의 첩수는 뚜껑이 있는 그릇에 담은 음식의 가짓수를 기준으로 정한다. 다만 밥을 담는 주발이나 사발은 뚜껑이 있는 그릇이지만 기본 음식이라 첩 수에 넣지 않는다. 따라서 밥, 국, 김치, 초장, 겨자, 간장, 양조치, 생선조치, 맑은조치 등 아홉 가지 음식은 첩 수에 포함되지 않는다. 이를 제외한 젓갈, 자반, 전유어, 수육, 회, 나물, 쌈, 생선구이, 고기구이 등 아홉 가지 음식이 구첩반상을 구성한다.

칠첩반상과 오첩반상 역시 이 같은 규칙을 따르는데, 첩 수에 포함되지 않는 음식의 가짓수도 함께 줄인다. 구첩반상에서는 첩 수에 포함되지 않은 음식이 모두 아홉 가지인데, 칠첩반상에서는 여덟 가지로, 오첩반상에서는 다시 여섯 가지로 줄어든다. 이 외에도 '반상식도'에는 음식 놓을 자리가 부족해 보조로 차리는 곁상, 술을 대접할 때 별도로 차리는 술상 그리고 특별히 신선로를 대접하는 신선로상의 상차림 규칙이 모두 '개별형+공간 전개형'으로 구성되어 있다. 이 책의 '반상식도' 규칙은 조선 시대 500년과 20세기 초반까지 부유층 양반가 가장의 식사에서 실제로 적용되었을 것으로 추정한다.

그러나 20세기에 들어와서 부유층 양반가 가장의 '개별형+공간 전개형' 상차림은 가족의 화목한 식사에 도움이 되지 않는다는 비판의 대상이 되었다.

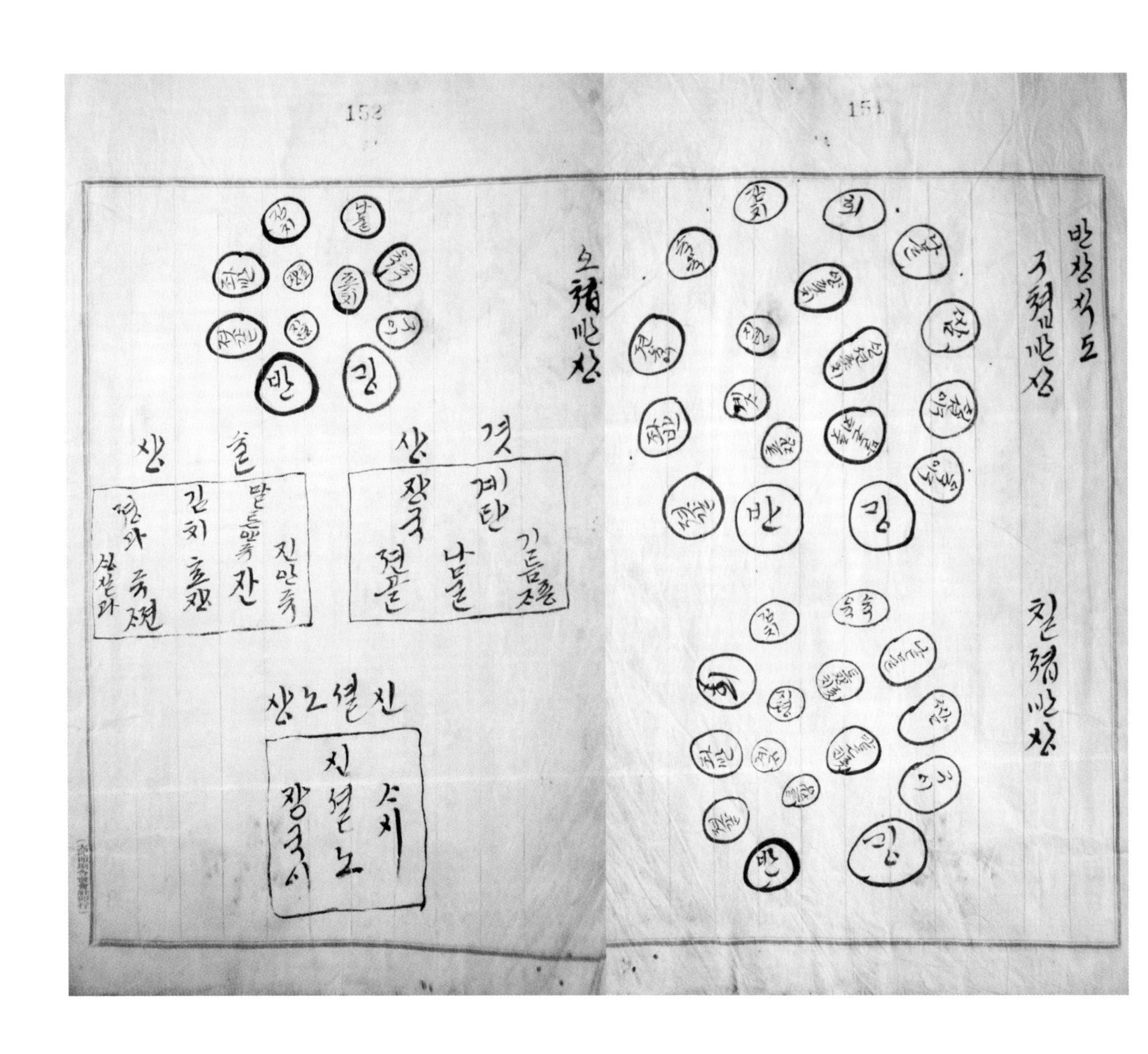
152
151
반상식도
구쳡반상
칠쳡반상
오쳡반상
반
깅

<시의전서>에 실린
구첩·칠첩·오첩반상과
곁상·술상·신선로상 '반상식도'.
개인 소장.

가부장적 이데올로기에 의해서 생겨난 가장의 독상이 가정 경영의 근대적 효율성을 해친다는 판단에서였다. 20세기 이후 도시에 생겨난 근대적 음식점에서는 교자상에 '공통형+공간 전개형'으로 음식을 차렸고, 여러 사람이 하나의 식탁에 앉아 반찬을 공유하면서 식사하는 방식으로 전환되었다.

대한민국 정부 수립 다음 해인 1949년 8월 문교부에서는 국민 의식 생활 개선을 위한 실천 요강 몇 가지를 내놓았는데, 그중에 "가족이 각상各床에서 식사하는 폐를 없애고 공동 식탁을 쓸 것"이라는 내용도 들어 있다. 여기에서 각상은 개다리소반 같은 소반을, 공동 식탁은 두레상이나 교자상을 일컫는다. 1960년대가 되면 대부분의 한국인은 가정에서나 음식점에서나 '공통형+공간 전개형' 식사를 하게 된다.

밥, 국, 반찬은 한국인이 가장 좋아하는 식사다

쌀밥이 주식인 동아시아 사람들은 식탁 위에 음식을 차릴 때 '주식'과 '부식'이라는 두 범주로 구분하는 경향이 있다. 보통 주식에 해당되는 음식은 1차적으로 배를 부르게 할 목적으로 먹는 곡물이나 서류薯類(감자나 고구마)가 주재료다. 이에 비해 부식은 고기, 생선, 채소 등에 간을 한 요리로, 주식을 먹을 때 식욕 촉진제 역할을 한다. 미국의 음식·언어학자 댄 저래프스키Dan Jurafsky는 "밀을 주식으로 먹는 중국 북부 지역과 달리 광둥(廣東) 등의 남부 지역 사람들은 주식인 '전분(starch)'과 부식인 '비전분(nonstarch)'을 혼합해 먹는다"라고 했다.

곡물로 지은 밥을 주식으로 먹는 한국식 식사 구조를 댄 저래프스키의 도식을 빌려 설명하면 '(전분=곡물 밥)+(비전분=반찬+국)'이라고 할 수 있다. 이에 비해 밀로 만든 음식은 밀가루 상태에서 반죽할 때 미리 소금으로 간을 하기 때문에 반찬이 없어도 식사가 가능하다. 밀가루 음식인 만두나 국수만 보더라도 만두소에 이미 충분히 양념이 되어 있고, 국수도 면과 국물이나 소스sauce에 이미 간이 되어 있어 반찬이 필요 없다. 그러니 짜장면을 먹으면서 굳이 단무지나 양파를 춘장에 찍어서 반찬으로 먹을 필요는 없는 것이다.

하지만 많은 한국인은 밥을 먹을 때는 물론이고 국수를 먹을 때도 반드시 반찬을 함께 먹는다. 삶은 고구마나 감자를 먹을 때도 김치나 동치미와 함께 먹으면 맛이 좋다고 생각하며, 삼겹살구이나 수육을 먹을 때도 파무침이나 김치

"밥, 국, 반찬은 한국인이 가장 좋아하는 식사다"라는 말을 그대로 보여주는 밥상. 시대가 아무리 변해도 한국인은 여전히 이 상차림을 고수한다.

를 함께 먹어야 입안이 개운하고 고기 맛도 더 좋다고 여긴다. 또 짜장면을 먹으면서도 김치나 춘장을 찍은 양파 같은 반찬을 곁들인다. 그뿐아니라 대부분의 한국인은 인스턴트 라면을 먹을 때도 김치를 꼭 갖춰야 한다고 믿는다.

한국인은 인스턴트 라면 같은 국수 음식마저 곡물 밥으로 인식한다. 그래서 한국식 국수 식사는 '국수+김치' 혹은 '국수+반찬' 상차림 형태를 갖춘다. 이런 조합은 끼니 대용으로 피자나 파스타, 그리고 프라이드치킨을 먹을 때도 마찬가지로 나타난다. 피자만 하더라도 푸짐하게 올린 토핑을 생각하면 굳이 피클 같은 반찬을 곁들여 먹을 필요가 없어 보인다. 하지만 많은 한국인이 피자를 먹으면서 피클을 함께 먹는다. 프라이드치킨도 마찬가지다. 프라이드치킨 자체에 이미 간이 되어 있지만 새콤달콤 아삭하게 담근 '치킨 무'를 함께 먹는다. 그런데 미국의 프라이드치킨 음식점에서는 치킨 무를 제공하지 않는다. 미국인에게는 프라이드치킨이 반찬이 필요한 밥이 아니기 때문이다.

한국인은 밥을 삼키기 전에 반찬과 국을 입에 넣어 비빔밥처럼 비벼서 먹는다. 이렇게 먹으면 입속에서 '전분+비전분' 음식의 혼합이 이뤄진다. 한국의 대표적 음식인 비빔밥은 어떤 의미에서는 입속에서 비벼질 '전분+비전분' 음식의 혼합을 미리 한 그릇 음식으로 만들어낸 것이라고 할 수 있다. 한국인이 즐겨 먹는 국밥 역시 전분 음식인 밥과 비전분 음식인 국을 미리 혼합해놓은 것이다. 당연히 많은 한국인은 비빔밥이나 국밥을 먹을 때도 반드시 반찬을 함께 먹어야 맛있다고 느낀다.

전분 덩어리인 밥을 입속에 넣고 오랫동안 씹으면 침 속에 들어 있는 효소인 아밀라아제amylase가 활성화된다. 특히 아밀라아제의 프티알린ptyalin이 밥 속의 전분을 가수분해해 당으로 바꿔준다. 밥을 씹으면 단맛이 나는 것은 이 때문이다. 여기에 식물성·동물성 반찬과 국이 더해지면 그 속에 들어 있는 아미노산(amino acid)이 구수한 맛까지 낸다. 이것이 바로 한국인이 모든 음식을 한꺼번에 차려놓고 식사를 하는 이유다.

<시의전서> '반상식도'를 통해 본 기본 음식과 첩 음식

구분	기본 음식	첩 음식
구첩반상	밥, 국, 김치, 초장, 겨자, 지렁(간장), 양조치, 생선조치, 맑은조치	젓갈, 좌반(자반), 전유어, 회, 숙육(수육), 나물, 쌈, 생선구이, 육구이
칠첩반상	밥, 국, 김치, 초장, 겨자, 지렁, 토장조치, 맑은조치	젓갈, 좌반, 회, 숙육, 나물, 쌈, 구이
오첩반상	밥, 국, 김치, 초장, 지렁, 조치	젓갈, 좌반, 숙육, 나물, 구이

쌀밥 먹는 한국 사람

글 · 정혜경(호서대학교 식품영양학과 교수)

간이나 양념을 하지 않고 오래 먹어도, 자주 먹어도 질리지 않는 곡물이라는 점이 쌀 그리고 쌀로 지은 밥의 가장 큰 미덕이다.

한반도 땅에서 가장 먼저 농사를 시작한 작물은 쌀이 아니라 조나 보리 같은 야생식물이었다. 벼농사의 보급은 쌀 사용을 촉진했지만, 기후 조건이 좋지 않은 북쪽 지방까지 벼농사가 보급되기에는 많은 시간이 필요했다. 쌀이 주곡이 된 이후에도 일찍부터 재배한 조, 밀, 보리 등이 주식의 자리에 함께 있었으므로 반드시 쌀이 주식이었다고 단언하기는 곤란하다.

후발 주자인 쌀이 어떻게 주식이 되었는지 이해하기 위해서는 우선 한민족의 주식이 될 수 있는 조건이 무엇인지 따져보아야 한다. 평생을 먹어야 하는 주식이라면 항상 먹어도 물리지 않아야 한다. 그리고 지속적으로 공급 가능해야 하며, 무엇보다 열량원, 즉 칼로리 측면에서 뛰어나야 한다. 이러한 필요조건을 모두 갖춘 것이 서양에서는 밀이었고, 아시아권에서는 쌀이었다. 그렇다면 부식의 역할은 무엇이었을까? 부식은 주식에서 취하기 어려운 영양소의 공급을 충족해야 했다. 그러므로 주식이 육류 중심일 때는 비타민, 미네랄, 섬유소 등이 풍부한 식물성 식품을 주로 부식으로 먹었다. 곡류가 주식인 경우에는 동물성 단백질, 비타민, 미네랄 따위가 풍부한 식품이 부식이었다. 따라서 곡류가 주식 자리를 차지하기 시작한 고대사회에서 이전의 주식이던 육류나 어패류는 부식 자리로 물러났다.

쌀 공급이 아직 부족했을 때는 기타 곡류가 주식이 된 경우도 있지만, 쌀이 등장한 이후로는 계속해서 쌀이 주식 자리에 있었다. 쌀밥이 한민족의 정서이자 혼이 된 것이다.

무색무취, 쌀의 특징

쌀이 지닌 가장 두드러진 특징은 무엇일까? 그것은 별다른 가공을 하지 않은 채로 오래 먹어도 질리지 않는 곡물이라는 점이다. 쌀 이외에는 이런 곡물이 세상에 없다. 서양의 대표 작물인 밀은 쌀처럼 가공하지 않은 채로 먹을 수 없다. 가루로 찧어 이스트 같은 팽창제를 넣고 소금이나 버터를 가미해 빵으로 만들

자연 만물의 가장 기본적인 유형·무형의 기운을 뜻하는
기氣라는 글자에도 쌀 미米가 들어가 있다.
쌀이 만물의 근본이라는 말이다.
그만큼 한국인은 쌀을 중시했다.

어야 한다. 아니면 국수로 만드는데, 이것도 조리한 국물에 말아 먹거나 양념해서 먹어야 한다. 그냥 그 자체로는 먹을 수가 없다는 얘기다. 생각해보면 쌀은 참 대단한 식품이다. 이렇게 매일 먹어도 질리지 않는 식품이 또 있을까? 그만큼 완전식품에 가깝다는 것을 말해준다. 우선 쌀은 씹을수록 단맛이 있어 먹기 좋다. 그리고 소화가 잘될 뿐 아니라 칼로리도 매우 높다. 쌀이 지닌 식품으로서 이러한 높은 가치는 한자에도 고스란히 반영되어 있다. 가령 곡식 곡穀이라는 글자를 보면 벼 화禾가 변으로 쓰인다. 그런가 하면 단일 글자로 많은 뜻을 함의하고 있는 기운 기氣라는 글자에도 쌀 미米가 들어가 있다. '기'는 유형·무형의 기운을 뜻하며, 자연 만물의 가장 기본적인 무엇이라 할 수 있다. 바로 그 안에 쌀을 뜻하는 글자가 있으니 쌀이 만물의 근본이라는 말도 된다. 그만큼 쌀을 중시한 것이다.

쌀은 영양적으로도 옳다

보통 밀가루의 영양분이 쌀보다 떨어진다고 생각하는 경향이 있는데, 꼭 그렇다고 할 순 없다. 수치상으로만 보면 밀가루가 더 많은 영양소를 갖고 있다. 그런데 그 영양소의 질 또는 흡수율 측면에서 쌀이 밀가루보다 우수하기 때문에 상대적으로 쌀이 영양적으로 더 낫다고 하는 것이다.

쌀밥의 소중함은 영양학적 차원에서도 속속 밝혀지고 있다. 동양인의 주식인 쌀은 탄수화물뿐만 아니라 서양인의 주식인 밀에 비해 흡수가 잘되는 양질의 단백질을 포함하며 필수아미노산인 리신lysine 함량도 높다. 또한 콜레스테롤을 떨어뜨리는 효과가 있고 비타민 B_1, 나이아신, 칼슘, 인 같은 기능성

물질도 많다. 따라서 쌀을 주식으로 하면 고기를 먹지 않아도 기본 영양소를 섭취할 수 있다. 일반적으로 쌀은 탄수화물만 함유한 식품으로 알고 있는데, 그건 사실이 아니다. 쌀에는 79% 정도의 탄수화물 외에 7% 정도의 단백질이 함유되어 있다. 그런데 이 단백질이 매우 양질이다. 단백질 구성 비율만 보면 밀이 10%로 쌀보다 높다. 그러나 체내 이용률을 표시하는 기준인 단백가로 보면 밀가루는 42인 반면 쌀은 70이다. 쌀이 밀가루보다 영양적으로 더 우수하다는 얘기다. 특히 쌀 단백질에는 필수아미노산인 리신이 밀가루, 옥수수, 조보다 두 배나 많을 뿐 아니라 몸에 흡수되어 쓰이는 정도가 다른 곡류보다 높기 때문에 식물성 식품 중 질적 면에서 가장 우수한 것으로 평가받는다. 특히 성장하는 어린이나 청소년에게 좋다. 그 밖에 쌀에는 칼슘이나 철·인·칼륨·나트륨·마그네슘 같은 미네랄이 함유되어 있고, 발암물질이나 콜레스테롤 같은 독소를 몸 밖으로 배출시키는 섬유질·비타민 B_1 같은 다양한 영양분이 있는 것으로 알려져 있다.

또 쌀은 밀가루나 다른 곡물에 비해 소화도 잘된다. 쌀에 있는 탄수화물의 소화흡수율은 98%에 달해 남녀노소 누구나 부담 없이 먹을 수 있다. 그런 까닭에 아기에게 주는 최초의 이유식으로 쌀로 만든 미음을 먹인다. 이러한 사실들을 보면 밀가루에 비해 쌀이 영양적으로 우수한 식품이라는 것을 알 수 있다. 그래서 밀을 주식으로 하는 사람은 빵을 먹을 때 고기를 같이 섭취해 단백질을 보충한다. 반면 쌀에는 양질의 단백질이 들어 있고 영양이 풍부하기에 다른 부식이 크게 필요하지 않다. 그래서 밥과 국 그리고 김치나 반찬 한두 가지 정도로도 충분한 식사를 할 수 있다. 쌀을 주식으로 먹으면 영양 과잉을 막을 수 있다는 뜻이다.

단백질을 쌀에서 보충한 한민족

옛날부터 한국인의 주요 단백질 공급원은 밥이었다. 쌀에 부족한 아미노산은 콩으로 보충할 수 있었다. 그 때문에 콩으로 만드는 된장국이나 된장찌개는 쌀밥과 궁합이 잘 맞는 음식이었다. 물론 동물성 단백질에 비하면 리신과 트레오닌threonine이 적지만 그 밖의 필수아미노산은 잘 갖춰져 있어 식물성 단백질 중 상위에 속한다. 최고의 영양 식품인 우유 단백질과 쌀 단백질을 비교하는 것은 터무니없지만, 아미노산 조성이 아닌 몇몇 특성 연구에서는 오히려 쌀 단

한국 토종벼를 연구하고 재배하는 우보농장의 흑저도. 개량종 벼에 비해 키가 크고 까락이 긴 것이 한국 토종벼의 대표적 특징이다.

백질의 기능이 우수한 것으로 나타났다. 우유 단백질과 쌀 단백질을 실험용 동물에 투여해 분변으로 배설되는 지방질 성분과 담즙산 함량을 알아본 조사에 따르면, 쌀 단백질 투여에 따른 중성 지질 배설량이 우유 단백질에 비해 60%나 높게 나왔다. 이런 결과만 봐도 쌀은 지질대사를 촉진하는 효과가 있다는 것을 알 수 있다.

현대인이 쌀을 포기할 수 없는 이유

음식을 기준으로 볼 때 인류는 밀가루로 만든 빵을 먹는 민족과 쌀로 지은 밥을 먹는 민족, 이렇게 크게 둘로 나눌 수 있다. 그런데 빵을 먹는 서구 민족은 현재 비만 등 성인병에 시달리고 있다. 반면 밥을 주식으로 하는 민족은 서구에 비해 아직은 성인병에서 자유롭다. 왜 그럴까? 이는 밥과 빵을 선택함으로써 생긴 영양적 차이에서 연유한 것이다.

최근 현대인의 식생활 중 과잉 섭취로 가장 문제 되는 지방은 쌀밥에 매우 적게 함유되어 빵을 먹는 것보다 훨씬 유리하다. 식빵은 대부분 그냥 먹기 힘들고 마가린이나 버터 등 부재료를 함께 섭취한다. 당연히 쌀밥보다 지방 섭취가 많아진다. 쌀의 지방산 조성을 보면 불포화지방산과 포화지방산이 65:35 정도로 불포화지방산이 훨씬 많다. 불포화지방산 중에도 필수지방산인 리놀레산(linoleicacid)과 리놀렌산(linolenic acid)이 60%가량이나 된다.

세상에는 다양한 품종의 쌀이 존재한다. 쌀 품종과 재배지를 중시하는 이유는 기후나 토질, 재배 방법 등에 따라 품질에 차이가 나기 때문이다. 그러나 영양소 측면에서 보면 전체적으로 큰 차이는 없다. 쌀은 일반적으로 탄수화물, 단백질, 지방, 무기질, 비타민 등 많은 영양소를 함유하며 다른 곡류에 비해 아미노산 조성이 우수한 편이다. 쌀겨를 제거한 백미는 현미보다 탄수화물 함량은 높으나 단백질과 지방 함량은 적은데, 이는 지방이 주로 쌀겨 층이나 배아에 분포해 있기 때문이다. 멥쌀의 탄수화물은 약 20%의 아밀로오스amylose와 약 80%의 아밀로펙틴amylopectin으로 구성되어 있다. 한국인이 좋아하는 찰기 흐르는 밥은 아밀로펙틴이 많은 찹쌀류이고, 이에 비해 멥쌀은 아밀로오스 함량이 적다.

0.001%의 미래, 한국 토종벼

글·이근이(우보농장 대표)

우보농장에서 재배하는 토종벼. 느스벼, 조두도, 함부르벼 등 한국인도 들어보지 못한 토종벼가 자라고 있다.

쌀은 한민족에게 생명의 젖줄과 같다. 세계에서 가장 오래된 '야생' 볍씨(1만 3000년 전 충북 소로리 볍씨)가 대한민국에서 발견되고, 한반도에서 '재배'된 최초의 볍씨로 추정되는 가와지 볍씨는 5020년 전 것으로 경기도 고양에서 발견되었다. 가와지 볍씨는 한민족의 벼농사 시작을 알리는 신호탄이었다. 이 볍씨가 한반도 곳곳으로 퍼지며 지역의 기후와 흙 그리고 농부의 품성에 따라 수없이 변주되어왔다. 그 변주 결과, 1910년 당시 1500여 종이 농부의 손에서 육종되어 지역마다 고유한 품종의 쌀이 존재할 수 있었다. 그러나 일제의 침략으로 이 경이로운 볍씨의 변주는 1910년 이후 멈추게 된다.

일제가 조선을 강제 합병한 후 일본 개량종이 주력 품종으로 자리 잡아가면서 1935년에는 일본의 개량 품종 재배 면적이 82% 이상 확대되었다. 그 결과 1945년 해방 직후에는 그 많던 토종벼가 거의 자취를 감추고 말았다. 해방 이후 한국인은 토종벼에 대해 모른 체하거나 무시하거나 업신여겨왔다. 키가 커서 잘 쓰러진다거나 수확량이 적다거나 까락(벼 수염) 때문에 불편하다거나 맛이 없다는 편견을 종종 드러내곤 했다. 이후 현대 농업에 없어서는 안 될 농약과 화학비료 시대를 맞으며, 이에 적응하는 키 작고 수확량 많은 품종만 남게 된 것이다. 2020년 현재 한국의 쌀 생산량 350만 톤 중 토종쌀은 10만 톤이 채 되지 않는 0.001% 수준에 불과하다.

5000년 동안 남한과 북한의 모든 마을마다 농부의 품성과 지역 문화, 기후, 토양에 따라 다양하던 토종벼가 없어졌다는 것은 품종 하나가 사라진 것을 넘어 거기에 깃든 역사와 문화까지 사라진 것이다.

이보다 야생적일 수 없다, 한국 토종벼

1910년 이전 한반도의 농업은 자연 농업으로, 실제 사람의 투입 요소가 많지 않은 순환 체계였다. 논에서 나온 볏짚과 풀은 논으로 되돌렸고, 사람이 직접 만든 퇴비는 논과 밭에 나눠 뿌렸다. 척박한 땅이지만 미생물 체계가 활발했다.

느스벼

철새가 날아와 먹이 활동을 하는 과정에서 논에 영양분을 공급했다. 논은 자연스럽게 사람의 삶 그리고 자연 생태와 한 덩어리로 연결됐다.

당연하게 당시 재배하던 벼들은 모두 야생성을 지녔다. 스스로 적응하는 능력이 있었다는 뜻이다. 키 큰 것은 큰 대로, 작은 것은 작은 대로 지역 환경에 적응하고, 그 땅에 적합한 성장 방식으로 품종을 이어왔다. 토종벼는 대체로 개량종에 비해 키가 크다. 사람의 힘을 최소화하면서 자연에 적응하기 위해 자연스레 몸체를 키운 것이다. 다른 풀들과 경쟁하면서 양분을 최대한 얻기 위해 뿌리를 깊이 내린 결과다. 농부들도 키 큰 품종을 선호했다. 생활 도구 재료로 볏짚을 많이 썼는데, 긴 볏짚이 훨씬 쓰임이 다양했기 때문이다.

토종벼의 야생성을 대표하는 것은 까락(벼 수염)으로, 토종벼의 80%가량에 달려 있는 까락은 현대 농법으로 생산하는 대부분의 개량종 벼에는 없다. 현대 농업에서 까락은 탈곡, 정미, 종자 선별까지 그야말로 불편하고 번거로운 존재였기에 까락 없는 품종 위주로 개량한 것이다. 사실 까락은 벼가 살아남기 위한 주요한 기반이었다. 까락이 있음으로써 가뭄을 견디고, 해충과 새들의 공격을 방어하며, 궁극적으로 동물 털이나 바람에 날려 종족을 퍼뜨릴 수 있었다. 결국 토종벼는 야생성을 스스로의 몸에 유전적으로 지니지 않으면 생존하기 힘들었다고 볼 수 있다. 그러나 야생성의 상징이라 할 수 있는 까락을 없앤 현대 농업에서는 가뭄에는 양수기로 물을 공급하고, 해충 피해는 농약으로 해결하고, 종족 번식은 사람 손에 의해 실험실에서 개량하며 대량생산 시대를 구축한 것이다.

토종벼는 아름답다

토종벼의 고유성을 드러내는 또 하나의 특징은 1500여 종마다 각기 다른 이름으로 부른다는 사실이다. 대체로 농부들이 벼를 보는 직관적 시선에 따라 해당 품종만의 독특한 특징을 찾아 이름 붙였다. 색깔이 다른 품종과 확연히 다르거나 두드러지면 '자광도(붉은색 현미), 흑도(검은색 까락과 낟알), 화도(붉은색 까락), 홍두나(머리가 붉은 찰벼), 흑갱(까락만 검은 벼), 백석(흰색 까락), 청송찰(푸른색의 찰벼)' 등으로 불렀고, 동물 모양과 비슷하면 '돼지찰(까락이 붉은색 돼지털을 연상), 까투리찰(암꿩의 깃털과 유사한 낟알 무늬), 족제비찰(족제비 털처럼 뾰족한 까락), 쥐입파리벼(생쥐 입을 닮은 낟알), 쇠머리벼(소

머리와 유사한 색과 모양)' 등으로 이름 붙였다. 어느 특정 지역에서 출발했다면 '용천, 괴산찰, 용정찰, 무산도, 수원조' 등으로 불렀고, 활용도에 따라 '대궐도(궁궐에 진상한 멥쌀), 궐나도(궁궐에 진상한 찹쌀), 가위찰(한가위 때 먹는 찹쌀), 한수진도(냉해에 강한 벼)'로 이름 붙였다. 특히 벼 모양이 독특해서 붙은 이름으로는 '각씨나(족두리 쓴 새색시 모양), 단두나(짧은 머리 찰벼), 다다조(낟알이 많이 붙어 있는 벼), 버들벼(버드나무처럼 아름답게 늘어지는 벼), 앉은뱅이벼(키 작은 벼), 졸장벼(졸장부처럼 아주 작은 키의 벼)' 등이 있다. 이런 다양한 벼를 재배하다 보면 한반도라는 좁은 공간에서 어떻게 이토록 다양하고 아름다운 색과 모양을 만들어냈는지 그저 감탄할 수밖에 없다. 다수확 품종만 고집하던 개량종에서는 도저히 볼 수 없는 아름다움을 토종벼는 간직하고 있었다.

토종벼가 다시 돌아왔다

우보농장은 10년간 250여 종의 토종벼를 재배하면서 품종별로 쌀 맛의 특성을 연구하기 위해 농부, 요리사, 미식가, 소비자 등과 매년 수차례 쌀 맛 테이스팅과 토종벼 전시 행사를 진행하고 있다. 토종쌀의 다양한 맛과 멋을 찾고, 새로운 가능성을 점쳐보는 작은 움직임이다. 몇 해 전부터는 요리사들이 나서서 토종쌀 요리를 개발하고, 농부들 또한 토종벼의 유전적 다양성을 활용해 한반도 땅과 기후에 맞는 새로운 품종을 찾으려는 시도가 늘고 있다.

토종벼 농사를 짓던 시대에는 "한 그릇 밥에 하늘과 땅과 인간의 땀방울이 담겨 있다(一碗之食 含天地人)"고 했지만, 지금 한국인이 먹는 한 그릇 밥에는 "석유와 농약과 화학비료가 담겨 있다(一碗之食 含油藥肥)". 건강한 농법으로 토종벼를 키우는 농부들과 다양한 토종쌀로 새로운 요리를 만들어내는 요리사, 이들을 신뢰하며 찬란했던 한민족의 쌀을 찾으려는 소비자가 늘기를, 하늘과 땅과 농부가 키워서 지은 다양한 품종의 밥을 먹을 수 있기를 꿈꿔본다.

한국 토종벼를 소개합니다

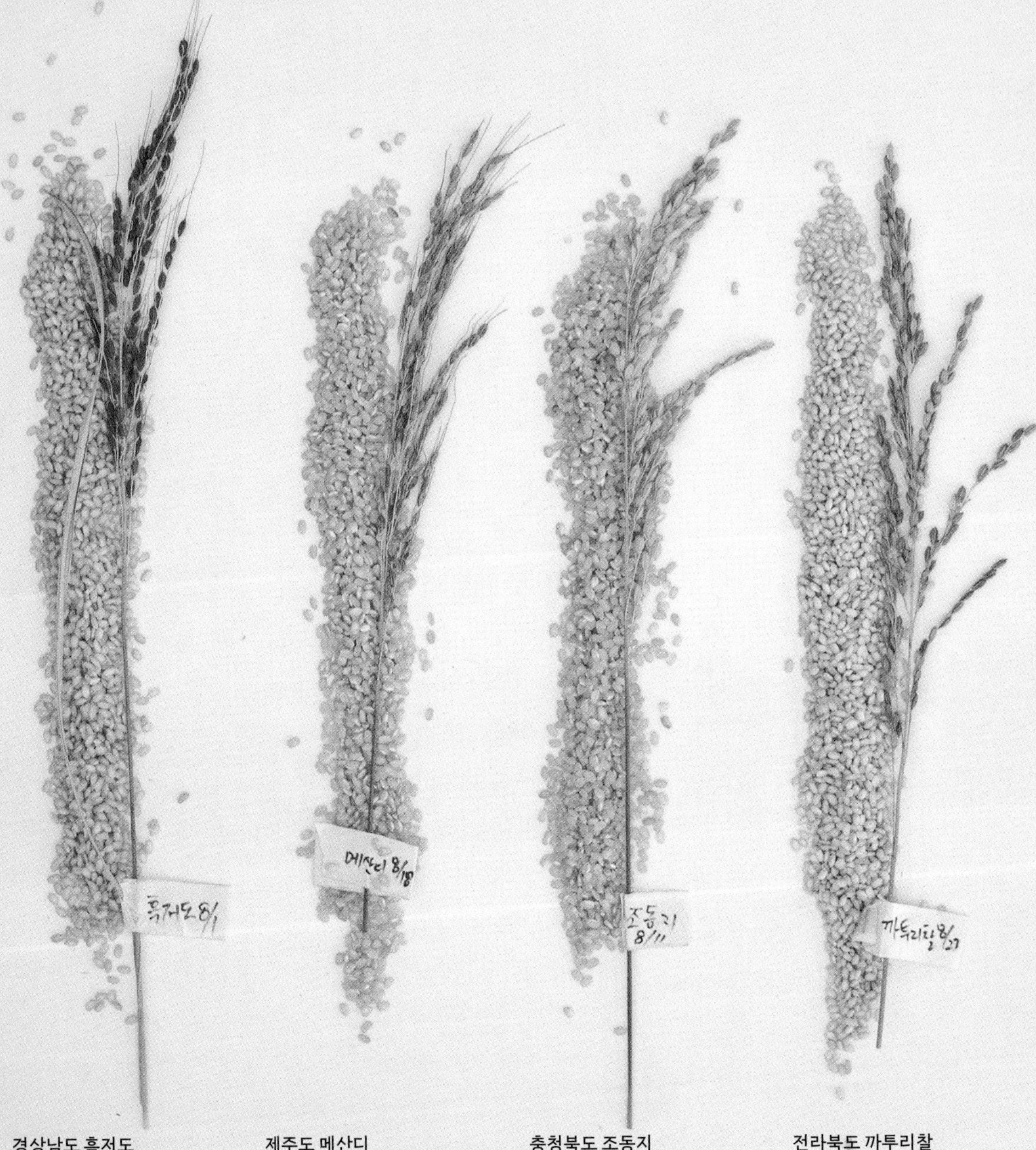

경상남도 흑저도

짧은 진자색 까락이 검은 돼지의 등을 연상시켜 흑저도로 불렀다. 키가 120cm 정도로 크고, 이삭 색이 전체적으로 검붉은색을 띤다.

제주도 메산디

제주도에서 주로 밭에 심던 메벼. 큰 키에 까락이 길고 붉은빛이 돈다. 이삭 하나에 약 150여 개의 낟알이 달린다.

충청북도 조동지

1896년 여주 금사면의 조중식 농부가 발견해 널리 심게 됐다. 낟알이 커 일제강점기에는 장려 품종으로 선정되기도 했다. 중간 키에 까락이 긴 것, 거의 없는 것 두 품종이 있으며 익을수록 황백색을 띤다.

전라북도 까투리찰

이삭이 까투리 깃털 모양과 색을 닮았다고 해서 꿩찰 또는 까투리찰이라고 부른다. 자치나라는 이름으로도 부른다. 따로 거름을 주지 않아도 잘 자라 유기농법으로 재배하기 좋은 품종이다.

경상북도 강릉도

경상북도 영일과 경기도 안성 등 극히 일부 지역에서만 심었고, 키가 작은 편이다. 까락이 길고 이삭이 붉어 토종벼 중에서도 외관이 수려하다는 평. 강릉찰이라고도 부른다.

북한 북흑조

평안남도에서 주로 재배한 재래종. 이삭이 검고 토종벼 가운데 키가 가장 커 멀리서도 눈에 띈다. 줄기가 튼실해 쉽게 쓰러지지 않으며 까락이 없다.

경기도 자광도

조선 인조 때 중국 지린성 남방 지방에 사신으로 간 이가 가져와 김포 지역에서 대대로 재배한 품종. 까락이 짧고 진한 자색을 띠며, 현미로 도정하면 붉은 낟알이 모습을 드러낸다.

토종쌀로 지은 진짜 밥

까투리찰

쌀알의 차진 정도가 적당해 쫀득하게
씹는 맛이 좋다. 씹을수록 은은한
단맛과 기름진 맛이 난다.

윤기
향
찰기
식감
균형감

조동지

현미는 밥 향이 강하고 거칠다.
7분도로 도정해 백미로 먹으면 맛있다.
윤기와 식감은 무난한 편.

윤기
향
찰기
식감
균형감

흑저도

맛과 식감이 거친 편. 윤기와 찰기는
떨어지는데 향은 강하다. 누룽지로
만들어 먹으면 구수함이 최고.

윤기
향
찰기
식감
균형감

메산디

단맛과 고소한 맛, 쓴맛이 적절하게
어우러져 균형감이 좋다.
찰기도 적당히 있는 편.

윤기
향
찰기
식감
균형감

*우보농장과 향토 음식 연구자 하미현이 5년간 약 열 번에 걸쳐 요리사, 농부, 일반인 300여 명을 대상으로 진행한 테이스팅 결과를 바탕으로 평가했다.
*식감은 입안에서 편안하게 씹히는 정도를 뜻하며, 균형감은 단맛과 쓴맛, 고소한 맛이 조화롭게 균형을 이루는 정도를 나타낸다.

자광도

겉보기에도 색부터 다르다. 향이 좋은 반면 밥을 지으면 쌀알이 푸석푸석하고 단맛이 다소 떨어진다.

윤기
향
찰기
식감
균형감

북흑조

향이 구수하고 씹을수록 단맛, 감칠맛, 담백한 맛이 난다. 압력솥으로 지으면 더 맛있다.

윤기
향
찰기
식감
균형감

강릉도

찰벼 중에서도 찰기가 매우 높은 편. 쌀알이 쫀쫀하고 윤기가 자르르 흐른다. 떡으로 만들어 먹기 좋다.

윤기
향
찰기
식감
균형감

한국어 속 쌀과 밥의 무한 변신

글·한성우(인하대학교 한국어문학과 교수)

한국인의 삶에서 쌀과 밥은 결코 빼놓을 수 없다. 사정이 이렇다 보니 한국어에서 쌀과 밥은 흥미로운 양상으로 나타난다. 모습은 다양하게 변화하지만 그 근본이라 할 수 있는 이름은 시공간을 초월해 항상 같기 때문이다. 이는 쌀과 밥이 단순한 식재료나 음식 이름이 아니라, 한국인의 삶과 문화를 읽어낼 수 있는 상징임을 증명한다. 무한 변신하는 쌀과 밥의 세계로 들어가보자.

쌀의 변신은 무죄다. 영어로는 그저 'rice'가 한국어에서는 벼, 쌀, 밥으로 구별된다. 벼는 쌀을 얻을 수 있는 작물이고, 그 작물에서 얻은 알곡의 껍질을 벗긴 것이 쌀이며, 그것을 조리해 만든 것이 밥이다. 밥이라고 다 같은 밥이 아니다. 술을 빚기 위해 되게 지은 밥은 고두밥이고, 물을 넉넉하게 잡아 푹 끓여 낸 것은 죽이다. 바닥에 눌어붙은 것은 누룽지이고, 누룽지에 물을 붓고 다시 끓인 것은 눌은밥과 숭늉이다. 한국인에게 쌀과 밥은 생명의 근원이다. 각각을 세세하게 구별하고 알뜰하게 먹다 보니 이 같은 무한 변신이 일상화되었다.

밥의 다양한 쓰임도 무죄다. '밥'은 본디 쌀을 익혀서 만든 것을 가리키는 말이지만, 실제 용법을 살펴보면 음식 전체를 가리키는 경우가 대부분이다. 일례로 '밥상'은 밥만 올려놓은 상이 아니라 밥, 국, 찌개와 갖가지 반찬을 올려놓은 상을 뜻한다. "밥 먹었니?"라는 인사 역시 끼니를 제대로 챙겼는지에 대한 살뜰한 마음의 표현이다. 생활양식이 바뀌면서 밥상이 식탁으로 대체되고 있지만, '밥상머리 교육'이 '식탁머리 교육'으로 바뀔 가능성은 없다. 예나 지금이나 '밥'은 먹을 것 전부를 가리키는 말이다.

밥은 '하다'가 아니라 '짓다'

이처럼 쌀과 밥이 무한 변신을 거듭하며 다양하게 쓰이다 보니 일상의 표현에서도 쌀과 밥은 수없이 등장한다. 과거에 흔히 쓰던 '쌀을 팔다'와 '쌀을 사다'라는 말은 요즘과는 의미가 완전히 반대였다. 과거에 누군가 쌀을 팔러 장에 갔다면 그 사람은 돌아올 때 쌀자루를 들고 올 것이다. 반대로 쌀을 사러 장에 갔다면 돈다발을 들고 올 것이다. 쌀이 화폐 기능도 겸하다 보니 '쌀을 팔다'는 '돈을 팔아 쌀을 사다'가 되고, '쌀을 사다'는 '쌀을 팔아 돈을 사다'가 되는 것이다.

쌀을 밥으로 변신시킬 때도 특별한 동사를 사용한다. 요즘에는 '밥을 하다'라는 말도 쓰지만 본래 '밥을 짓다'란 말을 더 많이 썼다. '짓다'라는 동사의 목적어가 되는 단어 중 가장 많은 게 '집'과 '옷'이다. 여기에 '밥'까지 더하면 의식

주 전체가 '짓다'의 목적어가 되는 것을 알 수 있다. 먹고, 자고, 입는 것이 우리 삶의 기본이니 '밥'도 그저 '하다'라는 동사 대신 특별한 동사를 쓴다. 쌀에 물을 넣고 끓여 밥을 만드는 다른 나라와 달리, 물을 알맞게 잡아 불을 때고 뜸까지 들여 정성스럽게 밥을 하다 보니 '짓다'라는 동사를 쓰는 것이다.

사정이 이러니 쌀과 밥이 들어간 말은 특별한 관용적 표현으로 나타나기도 한다. "쌀독에서 인심 난다"라는 속담은 쌀이 얼마나 중요한 재산인가를 말해준다. '밥값을 하다'는 인간으로서 최소한의 역할을 한다는 뜻이고, '밥벌레'는 그 값을 못 하고 먹을 것만 축낸다는 뜻이다. '밥그릇 싸움'은 이권을 위한 다툼을 가리키고, '밥그릇 수'는 평생 먹은 밥그릇 수만큼의 인생 연륜을 이른다. '밥숟가락을 놓다'는 삶을 마감한다는 뜻이니 쌀로 지은 밥을 먹는 것이 곧 삶 자체임을 말해준다.

쌀은 쌀이고, 밥은 밥이다

그런데 이상하다. 한국인의 삶에서 이토록 중요한 비중을 차지하는 '쌀'과 '밥'은 오로지 하나다. 시간적으로나 지역적으로나 다양한 변이형이 있을 법도 한데 다른 말이 전혀 없다. 쌀은 말소리가 조금 바뀌기도 했고 지역에 따라 발음이 다른 경우도 있지만, 예나 지금이나 모든 지역에서 '쌀'이다. 밥을 높여 '진지'라 하기도 하고, 제사상에 올라가는 밥은 '메'라고도 하나 이는 특별한 용어일 뿐이다. 밥은 이런 약간의 변이마저 없이 언제 어디서나 '밥'이다.

쌀과 밥은 이처럼 한국어에서 무한 변신을 거듭하며 다양하게 활용된다. 그러나 그 단어 자체만은 시간과 공간에 따른 변이가 전혀 나타나지 않는다. 이러한 상반된 양상은 쌀과 밥이 한국인의 삶에서 차지하는 비중이 얼마나 큰지를 잘 보여준다. 한국인의 삶과 떼려야 뗄 수 없는 존재가 쌀과 밥이니 그 말은 앞으로도 변이되지 않을 것이다. 그와 더불어 쌀과 밥은 한국인의 삶 모든 것에 깃들어 있으니 그에 관한 표현은 다양하게 변하면서 널리 쓰일 것이다.

가마솥부터 압력솥까지, 밥심 잡는 도구

한국인이 오래전부터 밥 짓는 도구로 애용하던 곱돌솥. 온양민속박물관 소장.

밥은 쌀과 물, 불의 조합이라 할 수 있다. 쌀을 물에 불려 불로 가열하면 밥이 완성되는 것. 하지만 밥을 짓는 데는 쌀의 종류와 품질, 신선도, 물에 불린 정도, 밥 지을 때 붓는 물의 종류와 양 등 다양한 변수가 작용한다. 밥 짓는 도구 또한 중요하다. 밥솥은 밥맛을 좌우하는 핵심 요소 중 하나다.

1924년 출간된 요리책 <조선무쌍신식요리제법朝鮮無雙新式料理製法>에는 "밥 짓는 그릇은 곱돌솥이 으뜸이요, 오지탕관이 그다음이요, 무쇠솥은 셋째요, 동노구가 하등"이라는 대목이 나온다. 여기서 곱돌솥은 '곱돌로 만든 조그마한 솥', 오지탕관은 '질그릇에 잿물을 발라 구운 뚝배기', 무쇠솥은 가마솥처럼 '무쇠로 만든 솥', 동노구는 '구리로 만든 솥'을 의미한다.

곱돌솥에 밥을 지으면 골고루 뜸이 들어 밥맛이 좋고, 온기가 오래가 밥이 잘 식지 않는다. 과거 궁중에서 왕과 왕비에게 진상하는 밥을 곱돌솥에 따로 지은 것도 이 때문이다. 지금도 일부 유명한 한정식집에선 곱돌솥에 지은 밥을 제공한다. 밥이 나오기까지 오랜 시간을 기다려야 하는 단점이 있지만, 맛만큼은 그야말로 최고다. 단, 곱돌솥에 밥을 지을 땐 불 조절에 신경 써야 한다. 센 불에서 가열할 경우 밥물이 금세 넘쳐흐르기 때문이다.

한국을 대표하는 전통 밥솥, 가마솥

곱돌솥 밥맛이 아무리 으뜸이라 해도, 한국을 대표하는 전통 밥솥은 역시 가마솥이다. 가마솥은 영어로도 'gamasot'이라 표기하는 한국 고유의 조리 도구다. 무쇠로 만든 가마솥은 과거에는 부뚜막 위에 걸어서 사용했다. 가마솥 모양은 예나 지금이나 동일하다. 솥 주변에 띠처럼 두른 손잡이와 가마솥 무게의 3분의 1을 차지할 만큼 묵직한 뚜껑은 지금도 변함없다. 가마솥 밥맛이 특별한 이유는 바로 이 무거운 뚜껑 덕분이다. 솥뚜껑이 무거우면 불로 가열할 때 솥 안 공기가 팽창해 물이 수증기로 변하고 내부 압력 또한 올라가는데, 압력이 높아지면 물의 끓는점이 100℃ 이상으로 올라가 밥맛이 더 좋아지는 것. 증기가 빠

"밥 짓는 그릇은 곱돌솥이 으뜸이요, 오지탕관이 그다음이요,
무쇠솥은 셋째요, 구리로 만든 동노구가 하등"이라 했다.
밥맛을 좌우하는 밥솥은 기술 발전에 따라 모습을 달리했다.

져나가지 않아 식감이 차지고 곡물 고유의 구수한 향을 오롯이 간직할 수 있다. 더불어 가마솥 바닥 두께가 부분적으로 다른 점도 밥맛을 좋게 하는 비결이다. 불에 먼저 닿는 부분은 두껍게, 가장자리는 얇게 만들어 열을 고르게 전달하는 것이 쌀을 골고루 익히는 원리다.

100% 무쇠로 만든 전통 가마솥은 기름을 먹여 길들이지 않으면 녹이 스는 게 특징. 따라서 번거로움을 덜기 위해 추가 비용을 받고 길들여주는 서비스도 제공한다. 모양만 동일할 뿐 알루미늄 재질에 세라믹 코팅을 적용한 21세기형 가마솥도 있다. 인덕션 레인지를 포함한 모든 열원에서 사용이 가능한 데다 가볍고 길들일 필요가 없어 편리하다. 5권 '솥의 속사정' 85쪽

용도가 다양하고 요리 효율도 최고, 압력솥

압력솥도 밥솥으로 활용하기에 꽤 효율이 좋은 편이다. 서양에서 개발한 압력솥은 밀폐 뚜껑으로 솥 안의 압력을 높여 음식을 단시간에 조리할 수 있는 게 특징이다. 한국에서는 워낙 밥솥으로 많이 사용해 흔히 '압력밥솥'이라 부르지만, 엄밀한 의미에서 압력밥솥은 맞지 않는 표기다. 압력솥에 밥을 하면 밥이 차지고 풍미가 좋아 밥 짓는 도구로 많이 활용할 뿐 아니라 밥 외에 찜, 탕, 조림 등 다양한 요리가 가능하다. 1679년 프랑스에서 개발한 제품이 시초인데, 한국에서는 기존과 다른 용도로 사용하는 독특한 사례다.

한국에서는 1973년 풍년에서 한국 음식 조리에 적합한 풍년압력솥을 개발해 국내 최초의 압력솥을 선보였다. 특히 1970년대 한국 정부에서 일반에 공

요즘 한국인의 밥맛을 책임지는 삼총사.
왼쪽부터 시계 방향으로
풍년 '1954 손주물압력솥'.
1954년 창립한 풍년의 핵심 기술인 주조
기술을 적용해 만든 압력솥이다.
두 가지 압력 제어 기술로 쫀득한 식감,
촉촉하고 고슬한 식감의 밥을 한번에
지을 수 있는 쿠쿠 '트윈프레셔밥솥'.
재래시장에서 쉽게 구할 수 있는
미니 가마솥.

급한 통일벼 때문에 풍년압력솥은 주부들의 입소문을 타고 가정 필수품이 되었다. 거칠고 까끌까끌한 통일벼를 부드럽고 차지게 해주는 조리 도구로 풍년압력솥만 한 것이 없었다. 알루미늄 소재가 빠르게 열을 전달해 밥이 금방 완성되면서도 알루미늄을 틀에 부어 서서히 굳히는 공법으로 만들어, 주물처럼 열을 오래도록 끌어안으니 밥맛이 안 좋을 수가 없었다.

압력솥은 알루미늄이나 스테인리스스틸 소재에서 변화를 거듭해 최근에는 구리, 곱돌, 강철에 미네랄을 결합한 신소재에 이르기까지 다양한 소재를 접목하고 있다. 내용물이 넘치지 않는 압력솥의 특징 덕분에 한국인은 압력솥으로 갈비찜, 삼계탕, 곰탕 등 오래 조리해야 하는 국물 요리까지 해낸다.

첨단 기술을 적용해 사용하기 간편한 전기밥솥

전기밥솥은 첨단 기술을 적용해 취사와 보온 기능을 결합한 일종의 다기능 밥솥으로, 1955년 일본 도시바가 개발한 제품이 최초다. 따라서 한때는 일본을 다녀온 여행객의 필수 구매 목록에 전기밥솥이 포함됐을 정도로 일본 제품이 인기였다. 하지만 이제는 상황이 달라졌다. 쿠쿠나 쿠첸 등 한국 브랜드에서 출시한 전기 압력밥솥이 각 가정의 필수품으로 자리 잡은 것. 전기 압력밥솥은 열원이 아래에만 있는 기존 열판식 전기밥솥에 압력솥의 특징을 결합한 밥솥이다. 특히 쿠쿠 전기 압력밥솥은 인덕션 히팅 기술, 즉 IH 기술을 적용해 전방위에서 쌀을 익힌다. 최근 출시한 제품은 자동 압력 체크 기능을 장착해 밥뿐 아니라 갈비찜, 수육, 생선찜, 영양죽 등 다양한 요리를 적정 압력으로 조리할 수 있다. 전원을 꽂고 버튼을 누른 후 정해진 시간만큼만 기다리면 간단하게 요리가 완성되는 것. 또한 6인용이나 10인용 제품뿐 아니라 '혼밥족'을 겨냥한 1인 가구용(3인 기준) 미니 IH 압력밥솥도 출시되어 선택의 폭 또한 한층 넓어졌다.

맛있는
오뚜기밥
쎈쿡
100%
쎈쿡
100%
햇반

즉석밥의 비밀

여러 브랜드에서 선보이는 다양한 즉석밥. 오곡, 발아흑미, 발아현미, 통곡물밥 등 다양한 쌀 품종과 잡곡을 혼합한 즉석밥 제품으로 한국 소비자에게 사랑을 받고 있다.

전자레인지에 넣고 2분 정도만 데우면 완성되는 즉석밥. 한국의 모든 마트와 편의점, 아니 한국의 웬만한 집 부엌에 상시 구비하는 생활필수품이다. 가마솥이나 전기 압력밥솥이라는 도구 없이도, 쌀을 씻어 불리고 물의 양을 맞춰 익혀야 하는 노고 없이도 언제든 윤기 나는 쌀밥을 식탁에 올릴 수 있는 효자 상품이 즉석밥이다.

1990년대 이전부터 몇몇 식품업체가 연구 개발에 뛰어들어 수많은 시행착오를 거쳤고, 1996년 CJ제일제당이 대중화하는 데 성공했다. 이후 오뚜기를 비롯해 동원F&B, 농심, 풀무원 등 여러 식품 회사에서 다양한 즉석밥을 선보였다. 초기에는 갑자기 밥이 없을 때를 대비한 '비상식량'이라는 점에 마케팅 포인트를 두었지만, 2000년대 접어들어 가족 수가 줄어들면서 즉석밥이 본격적으로 가정의 식탁에 안착했다. 네모난 형태에서 지금의 원형 용기로 바뀐 것도 이즈음이다.

2010년대 이후 쌀 소비는 줄어도 즉석밥 시장은 점점 성장하는 추세다. 단순히 간단하게 한 끼 때우는 용도를 넘어 웰빙 라이프스타일의 흐름을 반영해 '건강식'에 초점을 맞춘 잡곡밥과 현미밥, 흑미밥, 영양밥까지 선택의 폭이 한층 넓어졌다. 식품의약품안전처에서 인증받은 건강기능식품으로 개발한 상품부터 전국 유명 쌀 산지 농협에서 공수한 쌀로 만든 즉석밥까지 다양하다. 밥솥에 갓 지은 밥과 비교해도 큰 차이가 없는 밥맛을 낼 정도로 품질 수준 또한 높아졌다.

즉석밥은 왜 맛있나?

이즈음에서 많은 이가 갖는 의문 하나. 쌀을 가공해 대량생산하고, 데우기 전에는 실온에서 장기간 두어도 변질되지 않는다는 즉석밥의 밥맛은 어떻게 유지할 수 있으며, 본래 쌀이 지닌 영양가는 떨어지지 않는 걸까? 그 비결을 알고 안심하며 먹기 위해선 즉석밥 만드는 과정부터 살펴볼 필요가 있다. 먼저 원료인 쌀의 품질 검사부터 시작한다. 깨지거나 손상되지 않은 온전한 쌀을 까다롭게 선별해 세척한 후 물에 불리는 침적 과정을 거쳐 탈수한다. 용기를 고온 고압으로 스팀 살균한 후 쌀과 물을 투입해 취반(수분을 15% 가량 함유한 쌀에 물을 넣고 가열해 수분 65% 내외의 쌀밥으로 마무리하는 조리 과정)하고, 밀봉해 뜸을 들인 다음 냉각하면 완성. 마지막 검사까지 마친 후 출하한다.

보통 즉석밥 상품은 9개월간의 유통기한을 두지만 방부제와 보존료는 사용하지 않는다. 대신 가정에서 갓 지은 밥과 동일한 품질을 유지하기 위해 열처리하고, 무균화 공정을 거쳐 제조한다. 쌀 본래의 특성이 변성되는 것을 최소화하는 방식이다. 고온·고압 조건, 원료 차이, 규격, 산소를 거의 없애기 위한 질소 치환 등 수많은 조건을 충족시킨 까다로운 과정을 거쳐야 맛있는 즉석밥이 완성되고, 장기간 품질을 유지하며 보관할 수 있다. 유통기한을 길게 하기 위한 기술에서 가장 중요한 부분은 미생물 균의 제어와 밥맛의 변화를 최소화하는 것이다. 유통기한이 지나면 품질이 떨어져 이취가 나고 본래의 맛을 유지하지 못하지만, 잘 제어한 공정을 거친 즉석밥은 기한이 지나도 곰팡이가 생기지 않는다. 즉석밥의 주원료는 쌀과 물이지만 제조 회사별로 각각의 조건에 따라 산도 조절제 등 약간의 첨가물을 사용하기도 한다. 물론 식품용으로 사용을 허가한 원료이며 품질을 유지해주는 성분이다.

보통 플라스틱 재질로 이루어진 즉석밥 용기 또한 각 제조사마다 품질 유지를 위한 연구 끝에 만든 것으로 관련 규정을 준수한 포장재다. 즉석밥의 용기는 내열도가 높은 PP(폴리프로필렌) 소재를 사용하는데, 용기 내에 산소 차단층을 보유해 전자레인지나 끓는 물에 넣고 고온에서 조리해도 안전하다. 뚜껑 역할을 하는 필름 또한 외부의 산소 유입을 차단해 산화로 밥의 신선도가 저하되는 것을 막아준다. 이 덕분에 실온에서 장기관 보관이 가능하다. 즉석밥을 보관할 때 주의할 점이 있다. 외부 공기가 유입되면 변질 우려가 있으니 포장이 손상되지 않도록 유의해야 한다. 영하의 온도 또는 높은 온도에서 보관하면 밥 표면이 마를 수 있고, 냉장 또는 냉동 보관하면 식감이 저하되므로 반드시 실온에서 보관해야 한다. 보관 중 온도 차로 인해 포장지 내에 물방울이 맺히는 현상은 제품에 이상이 생긴 것은 아니므로 안심하고 먹어도 된다. 또 개봉한 제품은 변질 우려가 있으니 가급적 한 번에 먹는 것이 좋다.

❶

❷

❸

❹

❺

❻

❶ 오뚜기에서 선보이는 맛있는 오뚜기밥. 밥맛을 오래 연구해 집밥 맛을 구현했다.

❷ 맛있는 오뚜기밥 오곡. 평소 한국인이 즐겨 먹는 쌀, 국산 찹쌀, 찰현미, 찰흑미, 찰수수 등 다섯 가지 곡물을 넣어 부드럽고 찰기가 살아 있다.

❸ 동원 쎈쿡 100% 통곡물밥. 현미, 귀리, 적미, 흑미, 찰수수 등 오곡이 들어 있다.

❹ 국내산 현미를 24시간 발아해 거칠지 않고 고슬고슬한 맛을 느낄 수 있는 동원 쎈쿡 100% 발아현미밥.

❺ 흑미, 찹쌀, 쌀을 혼합해 압력 밥솥 원리로 지은 CJ 햇반 흑미밥.

❻ 100% 쌀과 물만으로 지은 하림 순수한밥.

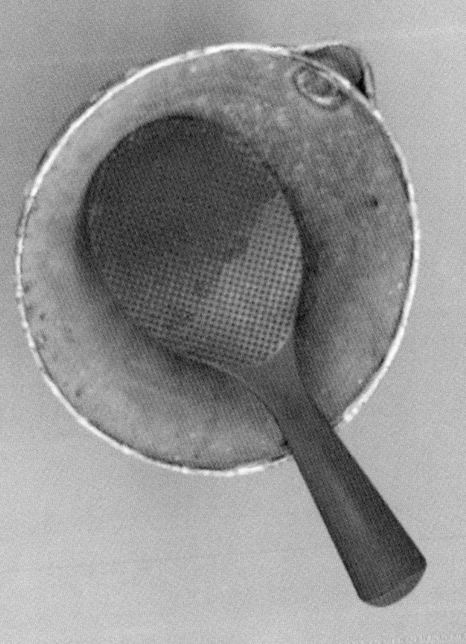

한국인은 왜 숭늉으로 입가심을 했을까?

글 · 윤덕노(음식 문화 칼럼니스트)

밥솥 바닥에 눌어붙은 누룽지에 물을 붓고 한소끔 끓이면 구수한 숭늉이 된다. 가마솥에 밥을 해야 제대로 된 누룽지와 숭늉을 얻을 수 있다. 한국인에게 숭늉은 식후 음료이자 차이며, 소화제다.

요즘 한국인은 식후에 주로 커피를 마신다. 물론 집이나 전통 한식당에서는 숭늉을 마시는 경우도 있다. 커피나 숭늉 대신 과일이나 사탕 혹은 케이크, 한과를 먹는 사람도 있지만 이것은 조금 다른 경우다.

어쨌거나 지금은 한국인의 식후 음료로 커피가 상당한 비중을 차지한다. 하지만 전통적인 한국의 대표 식후 음료는 숭늉이다. 예전 한국의 할머니 할아버지들은 숭늉을 마셔야 식사를 끝낸 것으로 알았다. 숭늉을 마시지 않으면 밥을 먹어도 다 먹은 것 같지 않고, 심지어 속이 더부룩해 소화를 시키지 못할 정도였다. 숭늉이 뭐기에 그 정도일까 궁금할 수 있는데, 숭늉은 누룽지를 끓인 물이다. 누룽지는 밥 지을 때 뜨거운 열기로 인해 솥에 눌어붙은 부분, 즉 밥의 부산물이다.

한국 음식 문화에서 누룽지와 숭늉의 위상은 단순한 음료 그 이상이다. 일단 맛이 특별하다. 그래 봤자 탄 밥 끓인 물 아닌가 싶다면, 그건 그야말로 문화적 편견이다. 커피콩을 볶아서 추출한 물이나 찻잎을 덖어서 달인 물과는 또 다른 맛이다. 구수한 감칠맛이 한국인 정서에 맞는다. 그래서 한국인 대부분은 숭늉에 향수를 느낀다.

한국인은 먼 옛날부터 숭늉을 마셨다. 12세기 초, 고려에 온 중국 송나라 사신이 <고려도경高麗圖經>이라는 책을 남겼는데, 여기에 숭늉 마시는 풍습을 이렇게 묘사해놓았다. “고려 사람들이 들고 다니는 물그릇은 위가 뾰족하며 바닥이 평평한데 그릇 속에는 숭늉을 담는다. 나라의 관리나 귀족들은 언제나 시중드는 자를 시켜 숭늉 그릇을 들고 따라 다니게 한다.” 지금 텀블러에 커피를 담아 들고 다니는 것처럼 900년 전에도 작은 항아리에 숭늉을 담아 다녔다는 것인데, 옛날 고려인도 지금 젊은 층의 커피 중독처럼 숭늉에 빠져 지낸 모양이다.

조선 시대에는 중국과 일본에 출장 간 선비들이 숭늉을 마시지 못해 애를 먹었다는 기록이 옛 문헌 곳곳에 남아 있다. 18세기 청나라 수도 연경(현 베이징)에 간 사신이 소화를 못 시켜 고생하다 고향의 숭늉 맛 나는 미음을 한 그릇

전통 밥 짓기는 쌀을 끓였다가 찐 후 태우는 과정,
즉 뜸을 들여야 밥이 완성된다. 이렇게 지은 밥은 누룽지가
많이 생긴다. 누룽지가 많이 눌으니 여기에 물을 부어 끓이는
숭늉 문화가 발달한 것이다.

먹고는 속이 편해졌다며 좋아하는 기록도 보인다. 이렇듯 옛날 한국인에게 숭늉은 식후 음료인 동시에 소화제였다.

실제로도 숭늉에는 소화제 성분이 함유되어 있다고 한다. 밥의 전분이 포도당으로 분해될 때 생기는 구수한 맛의 덱스트린dextrin 성분이 소화에 도움을 준다는 것이다. 또 숭늉에 함유된 에탄올의 항산화 작용으로 산성이 중화되면서 속이 편해진다. 그래서 옛사람들은 숭늉을 마시지 않으면 속이 더부룩하고 소화가 안 된다고 느낀 것이다. 의학서 <동의보감東醫寶鑑>에도 누룽지 끓인 물인 숭늉이 소화를 촉진한다며, 숭늉을 약으로 처방하기도 했다는 기록이 나온다.

숭늉이 한국 후식 문화의 대명사가 된 이유

그렇다면 그 좋은 숭늉이 왜 한국에서만 발달했을까? 한 나라의 음식 문화를 한두 가지 요인만으로 설명할 수는 없겠지만 나름대로 납득할 만한 이유가 있다. 무엇보다 숭늉의 원료인 누룽지 때문이다. 쌀 먹는 나라는 어느 곳에나 누룽지가 있다. 파에야를 먹는 스페인, 리소토가 발달한 이탈리아를 비롯해 중국과 일본에도 누룽지가 있다. 다만 밥 짓는 과정에서 한국은 일상적으로 누룽지가 생겼고, 다른 나라는 어쩌다 또는 일부러 만들어야 생겼다. 예컨대 한국의 전통 밥 짓기는 쌀을 끓였다가 찐 후 태우는 과정, 즉 뜸을 들여야 밥이 완성된다. 이렇게 지은 밥은 윤기가 흐르고 밥맛이 차지지만 누룽지가 많이 생긴다. 반면 중국은 찌는 형태, 서양은 볶아서 끓이는 방식으로 밥을 짓는다. 당연히

누룽지가 별로 생기지 않는다. 이렇듯 한국에는 누룽지가 많이 눌으니 여기에 물을 부어 끓이는 숭늉 문화가 발달한 것이다.

숭늉은 알게 모르게 한국의 음료 문화에도 적지 않은 영향을 미쳤다. 중국, 일본과 달리 한국은 차 문화가 크게 발달하지 않았다. 뛰어난 한국의 물맛부터 차 재배에 부적합한 낮은 기온 등 여러 요인이 있었겠지만, 차가 필요 없을 만큼 우수한 숭늉 문화도 그 이유로 꼽을 수 있을 것이다.

현대 한국인이 특히 커피를 즐겨 마시는 이유도 숭늉 문화와 연관 지어 생각할 수 있다. 볶은 커피콩에서 추출한 물이나 눌은밥을 끓인 숭늉의 맛은 서로 통하는 부분이 있다. 그 때문에 숭늉 맛에 길든 한국인의 입맛에는 홍차나 녹차보다 커피가 어울린다.

고급 전통 음료와 달콤한 한식 디저트

한국에는 숭늉 외에도 다양한 전통 후식 음료가 있다. 수정과, 식혜, 매실차, 오미자차 등 전통 한식을 먹으면 식사 마지막에 고급 전통 음료가 후식으로 나온다. 숭늉과 이런 전통 음료에는 어떤 차이가 있을까? 지금은 모두 식사 후에 마시는 전통 후식 음료로 생각하지만 옛날 기준으로 보면 미묘한 차이가 있다. 숭늉은 양반·평민 가릴 것 없이, 즉 신분과 빈부를 따질 것 없이 누구나 밥을 먹은 후에 마시는 물, 다시 말해 맹물 대신 마시는 식후 음료인 반면 수정과, 매실차 등은 다과와 함께 마시는 차 개념으로 발달한 음료다. 서구식으로 숭늉이 식후 커피 같은 음료라면 수정과, 식혜, 매실차, 오미자차는 식사가 끝난 후 디저트와 함께 마시는 고급 홍차와 비슷하다. 다시 말해 상류층의 음료다.

한국 전통 음료 하나하나의 역사와 유래를 살펴보면 얼마나 고급스러웠는지 알 수 있다. 예컨대 지금은 누구나 부담 없이 마시는 수정과만 해도 예전에는 제사 때 혹은 귀한 손님 접대용으로 어렵게 내놓는 음료였다. 조선 시대 기준으로 보면 수정과는 만만한 음료가 아니다. 생강과 계피 끓인 물에 곶감을 넣어 만드는데, 수백 년 전 생강과 계피는 유럽인이 동남아로 목숨 걸고 찾아 떠나던 향신료였다. 조선에서도 귀한 것은 마찬가지였다. 식혜 역시 귀한 쌀을 엿기름으로 삭혀 만든 음료로 특별한 날에만 만들었다.

밥보다 먼저 태어난 한국인의 주식, 죽

글·고영(음식문헌 연구자)

조선 시대 궁중에서는 임금의 첫 끼니인 초조반상에 눈빛이나
젖빛을 띤 타락죽과 잣죽을 주로 올렸다. 서민에게는 배를 채워준
고마운 죽이 있었으니, 바로 입맛을 돋우는 콩죽이다. ©구본창

"도성의 천만 집이 모두 고요한데(萬戶千門盡寂然)/ 이따금 저 멀리서 들려오는 누군가의 말소리(時聞人語在深邊)/ 부엌문 틈으로 등잔 불빛이 내비치니(燈光斜透廚扉隙)/ 술집에서는 새 술 거르고 죽집에서는 죽을 끓이네(酒肆新篘粥肆煎)."

서울 도성의 새벽을 읊은 조선의 문인 윤기(1741~1826)의 연작시 '성중효경城中曉景(성안의 새벽 풍경)' 가운데 한 수다. 그의 나이 52세 때 작품이다. 이 연작은 오전 4시 도성의 통행금지를 해제하는 33번의 파루罷漏 종소리로 시작한다. 여기서 종소리와 함께 도성 길거리의 새벽을 여는 장소로 술집과 나란히 죽집(粥肆)이 등장한다. 윤기와 같은 해 태어난 문인 이덕무(1741~1793)는 당시 서울 못지않게 화려한 도시였던 개성의 활기찬 아침을 이렇게 묘사했다. "시장 아낙네가 '죽 사시오!' 하고 외치는 소리가 마치 개 부르는 소리 같았다(市女賣粥聲如呼狗)." 죽 파는 아낙이 손님 부르는 소리가 얼마나 잦고도 드높았을까.

죽은 계급을 가리지 않고 아침 끼니로 사랑받았으며 일찍이 상업화한 음식이다. 곡물을 주재료로 물을 많이 붓고 끓인 묽은 음식인 죽은 목구멍으로 넘기기에도 부담 없고 소화도 잘된다. 일과를 빨리 시작하는 사람, 노약자에게는 더욱 마침맞은 음식이다. 요기로도 간식으로도 널리 활용했고 지금도 그렇다.

문헌에도 아주 일찍부터 표제어로 잡혔다. 세종·문종·세조 세 임금의 재위에 걸쳐 궁 안의 의료 기관인 전의감典醫監에서 근무한 전순의는 1450년쯤 쓴 조리서 <산가요록山家要錄>에 백죽白粥·사시신미죽四時新米粥·담죽淡竹·두죽豆粥·백자죽柏子粥을 기술했다. 이는 각각 흰쌀죽·올벼죽·묽은 율무죽·팥죽·잣죽에 해당하는데 농도가 어떻든, 다른 재료를 어떻게 활용하든 쌀만큼은 빠지지 않았다.

죽에 한 걸음 더 들어가보자. 죽의 기본은 순쌀로 쑨 흰죽이다. 쌀을 물에 불린 뒤 쌀 분량의 5~6배 물을 붓고 끓인다. 아득한 옛적부터 곡물 낟알을 가공하는 데 쓴 기본 기술이다. 물론 한소끔 끓인 뒤 불을 줄이고, 이윽고 표면에 까풀이 잡히기 시작하면 불을 낮추거나 아예 끄고 뜸 들이는 순발력을 발휘하기란 쉽지만은 않을 터다.

더욱 세분하면, '미음'은 흰쌀죽을 체에 밭친 것으로 거의 쌀 음료다. '응이'는 원래 율무를 가리키는 말로 율무의 녹말로 쑨 죽을 이르다가, 나중에는 녹말죽을 가리키게 되었다. 특히 쌀에서 앙금을 받아 쑨 죽은 '무리죽'이라고 한다. 앙금까지 갈 것도 없이 낟알을 거칠게 갈아 쓸 수도 있고, 곱게 갈아 쓸 수도 있다. 이렇게 쌀 하나만으로도 죽은 다양한 질감과 촉감의 연출이 가능하다. 20세기 전반부터는 밥이 끓으며 넘치는 걸쭉한 밥물을 받아, 말린 백설기 가루 또는 밤 가루를 타 묽게 쑨 '암죽'이 본격적으로 등장한다. 암죽은 젖을 못 먹는 아기나 소화력이 떨어진 노인을 염두에 둔 귀하디귀한 죽이다.

이를 기본으로 다른 곡물·과실·육류·우유·수산물을 이용해 얼마든지 또 다른 죽을 만들 수 있다. 가장 오랜 별미 죽이라고 할 수 있는 팥죽은 이미 고려 시대부터 그 흔적을 문헌에 남겼다. 조선 시대에 들어와 대중적인 별미로 자리 잡은 팥죽은 오늘날까지 인기가 이어지고 있다. 팥죽은 팥 알갱이를 남기거나 남기지 않는 것, 새알심 또는 칼국수 사리의 선택, 단맛 등에 따라 다양한 연출이 가능하다. 이 글을 읽는 한국 독자는 여기에 어떤 죽을 더 떠올릴까? 잣죽·호박죽·전복죽·깨죽에서 그치지 않을 것이다.

죽은 밥보다 먼저 생긴 곡물 조리법이다. 토기에 곡물을 넣고 몇 배의 물을 붓고 끓이기만 하면 먹을 만한 음식이 된다. 어떤 부재료든 넣기만 하면 단조로운 맛을 바꿀 수도 있다. 보리, 호밀, 귀리, 기장, 좁쌀, 수수 등이 모두 죽의 재료였다. 대추와 연자도 좋은 재료였다. 문어에서 바지락에 이르는 수산물도 다 죽 재료가 된다. 제주 지역에서는 파뿌리죽도 먹었다. 부추에서 아욱까지 죽 재료가 되지 못할 나물 또한 없었다. 예컨대 조선의 문인 허균(1569~1618)은 그의 먹거리 견문록 <도문대작屠門大嚼>에서 방풍죽을 이렇게 묘사했다.

"나의 외가는 강릉이다. (중략) 2월이면 그곳 사람들은 해가 뜨기 전에 이슬을 맞으며 처음 돋아난 싹을 딴다. 곱게 찧은 쌀로 죽을 끓이는데, 반쯤 익었을 때 방풍 싹을 넣는다. 다 끓으면 찬 사기그릇에 담아 알맞게 식혀 먹는데 달콤한 향기가 입에 가득하여 사흘 동안 가시지 않는다."

곡물을 불리는 요령, 한소끔 끓인 뒤의 불 조절, 뜸 들이기 등 죽의 기본을 익히고 나면 거칠 것이 없다. 지역과 식생에 내 입맛을 조화시키면 오늘날 누구라도 허균이 누린 것 같은 죽 한 그릇을 먹을 수 있다. 죽의 가능성은 그야말로 무궁무진하다.

쌈,
싸다

복과 건강을 싸 먹는다, 쌈밥

글 · 정혜경(호서대학교 식품영양학과 교수)

요즘 한국인이 가장 즐겨 먹는 대표적 쌈. 삼겹살, 식초와 고춧가루를 넣어 버무린 파채, 마늘장아찌, 쌈장이 어디서든 등장하는 상추쌈 메뉴다.

한국인은 먹을 수 있는 것이라면 무엇이든 다 싸서 먹는 민족이다. 오죽하면 '보따리 민족' 혹은 '쌈 민족'이라고 했을까. 채소 중에서 잎이 큰 상추, 곰취, 소루쟁이 같은 산채는 물론이고 깻잎, 호박잎, 배춧잎, 미나리, 쑥갓, 콩잎도 쌈 재료로 쓴다. 김, 미역, 다시마 같은 해초로도 쌈을 싸서 먹을 정도로 유별나게 쌈을 좋아한다. 최근에는 케일, 신선초, 겨잣잎 같은 서양 채소까지 전부 쌈장을 곁들여 맛있게 먹는다. 그런데 먹는 사람도 즐겁고, 먹는 걸 보는 사람도 즐겁다. 무엇이든 싸서 먹을 수 있는 독특한 쌈 문화, 아니 보자기 문화의 결정판이라 할 수 있다.

상추쌈은 다른 나라에서는 찾아보기 힘든 한국 고유의 음식이다. 예전부터 농부의 밥상은 물론이고 수라상에도 올랐으니 신분을 가리지 않고 모두 상추쌈을 즐겼다. 오죽하면 조선 숙종 때 실학자 성호 이익은 자신의 책 <성호사설星湖僿說>에서 "조선 사람은 커다란 잎사귀만 있으면 무엇이든지 쌈으로 싸 먹고, 집집마다 상추를 심는 것은 쌈을 먹기 위해서다"라고 했다. 예부터 쌈 채소 중에서 상추를 으뜸으로 여겼다. <동국세시기>는 정월 대보름에 배춧잎과 김으로 밥을 싸서 먹는 '복福쌈'에 대해 이야기했다.

<농가월령가農家月令歌>에는 "아기 어멈 방아 찧어 들바라지 점심하소. 보리밥, 파찬국에 고추장, 상추쌈을 식구 헤아리되 넉넉히 능을 두소"라고 읊은 대목이 있다. 여름철 농촌에서 땀 흘리며 밭일을 하다 들밥으로 상추쌈 먹는 광경을 그린 것이다. 이처럼 한국인은 별다른 찬이 없어도 봄부터 가을까지 밭이나 들에서 나는 채소로 두루 쌈을 싸 먹었다. 또한 겨울철에도 마른 나물을 물에 불려서 싸 먹거나 김쌈을 즐겼다.

한민족의 상추쌈은 과거 중국에까지 소문이 났다. 상추쌈을 볼 때면 고려 때 원나라로 보내진 공녀貢女들이 생각난다. 이들은 고향 음식에 대한 향수가 컸을 것이다. 왕실 뜰에 고려의 상추를 심어 쌈을 싸 먹으면서 향수를 달래곤 했다. 이를 눈여겨보다 우연히 먹어본 몽골인들 사이에서 상추쌈의 인기가 높아졌다. 상추씨 가격이 비싸져 상추를 천금채라고도 불렀을 정도. 또 원나라 시

상추를 손바닥 위에 편다. 밥을 한 숟가락 올린 다음 삼겹살, 파채, 쌈장, 마늘장아찌, 매운 풋고추 등을 차례대로 올린다. 보자기처럼 싸서 입안으로 넣는다. 바로 한국인이 쌈 싸 먹는 방법이다.

인 양윤부楊允孚는 고려인의 상추쌈에 대해 다음과 같은 시를 남겼다.

해당화는 꽃이 붉어 더욱 좋고
살구는 누래 보기 좋구나
더 좋은 것은 고려의 상치로고
마고의 향기보다 그윽하다

조선 시대 유학자 이덕무는 <사소절士小節>이라는 책에서 상추쌈 먹는 방법에 대해 이렇게 적었다. "손으로 싸 먹지 말고, 밥을 숟가락으로 떠 밥그릇 위에 올려놓고 상추 몇 잎을 젓가락으로 집어 밥숟갈 위에 있는 밥을 싸서 먹은 다음 장을 떠먹어라. 쌈을 한입에 들어갈 수 없을 정도로 크게 하는 것은 부인의 행실로 좋은 태도가 아니니 경계할 것이다." 얼마나 상추쌈을 좋아해 볼이 미어지게 먹었으면 예절로서 이를 경계했을까 싶다. 하지만 쌈은 본래 체면 가리며 먹는 음식은 아니다. 볼이 미어지도록 크게 싸서 입안 가득 넣고 씹어야 제대로 먹는 기분이 난다.

싱싱한 채소는 건강에도 좋을 뿐 아니라 그 푸르른 빛이 식욕을 자극하기에도 충분하다. 하지만 쌈을 맛있게 먹으려면 채소 못지않게 쌈장이 중요하다. 채소와 쌈장에도 궁합이 있다. 호박잎은 고추장과 잘 어울리고, 깻잎은 삼겹살을 바싹 구워 된장을 발라 먹으면 더욱 맛있다. 우렁이쌈장 같은 인기 메뉴는 아예 쌈을 싸 먹기 위해 만든 것이다.

쌈은 또한 조화의 음식이다. 쌈은 쌈장뿐만 아니라 여러 가지 고기나 생선회 등을 올려서 먹을 때 더 맛있고 영양소의 균형도 좋다. 밥의 탄수화물에 쌈 채소의 풍부한 비타민과 무기질, 여기에 고기와 생선의 단백질까지 더해지면 그야말로 5대 영양소의 조화가 쌈 안에서 이루어진다. 그뿐만이 아니다. 차가운 채소와 따뜻한 밥에 뜨거운 불고기나 삼겹살을 올려 먹을 때 최고의 궁합을 이룬다. 차가움과 따뜻함이라는 온도의 조화가 손바닥 안에 있는 셈이다. 온 우주가 들어 있는 음식이 바로 한국인이 사랑하는 쌈이다. 그러니 쌈의 민족이라 할 만하지 않겠는가.

님처럼 기다리던 들밥, 쌈밥이 되다

글 · 정종수(전 국립고궁박물관장)

① 짚이나 삼으로 둥글게 만든 받침 도구로, 딱딱한 물건을 머리에 이고 다닐 때 완충 역할을 한다.
② 일을 서로 거들어주어 품을 지고 갚는 교환 노동. 두레가 공동적 또는 공동체적이라고 한다면, 품앗이는 개인적 또는 소집단적 인상이 짙다.
③ 농부들 사이에서 행하던 고유의 민속 문화. 북, 장구, 꽹과리, 징, 나발, 태평소 따위를 치거나 불면서 춤추고 노래한다.

조선 시대 대표적 풍속화가 김홍도의 <단원풍속도첩> 중 '점심'. 들일하다 나눠 먹는 들밥이 그림 속에 고스란히 드러난다. 국립중앙박물관 소장.

고된 농사일을 하다 보면 허기가 지고 입에서 단내가 난다. 주린 배를 움켜쥐고 동네 어귀를 바라보며 이제나저제나 오기를 기다리던 들밥. 내가 초등학교 다닐 무렵, 우리 집 논은 집에서 고개를 두 개 넘고도 족히 2km를 더 가는 꽤 먼 거리에 있었다. 모내고 김맬 때면 이른 아침부터 온 집 안은 일꾼들의 새참 준비로 분주했다. 어머니와 형수님은 정성껏 준비한 반찬과 밥을 광주리에 담아 머리에 이고, 나는 막걸리를 가득 채운 노란 주전자를 들고 따라나섰다. 어머니와 형수님은 혹시라도 머리에 인 광주리가 떨어질세라 똬리[①] 끈을 입에 물고 그 먼 거리를 쉬지 않고 단숨에 가셨다. 이제는 아련한 추억이 되어버린 들밥.

들밥은 밭일이나 논일을 할 때 들에서 먹는 밥으로, '들녘밥'이라고도 한다. 농부들의 일터는 대개 집에서 떨어져 있으니 끼니나 새참을 챙기러 집과 들녘을 오가는 일이 여의치 않았다. 여인들이 채반이나 광주리에 음식을 담아 들고 오면 농부들은 일손을 멈추고 논두렁이나 밭둑에 앉아 휴식을 취했다.

들밥은 공동 노동에서 시작되었다

들밥은 가족끼리 들에 나가 일할 때 먹기도 했지만, 대개 품앗이[②]를 하거나 두레 집단이 공동으로 일할 때 많이 먹었다. 두레는 한국 전통 사회에서 힘든 노동을 함께 하는 일종의 공동 노동 풍습으로, 일시에 집약된 노동력이 필요한 여름철 모내기와 김매기 때 주로 행했다. 1년 농사 중 가장 힘든 김매기는 초벌·두벌·세벌 세 번에 걸쳐 하는데, 칠월 칠석(음력 7월 7일) 즈음이 되어야 한 해 농사의 힘겨운 고비를 겨우 넘기게 된다.

두레 작업은 대개 아침 일찍 정자나무 밑에 모여 풍물[③]을 치면서 시작했다. 논에 도착한 두레패들은 두레기를 평평한 곳에 꽂아두고 소리꾼의 선창에 맞춰 후렴을 매기며 노동을 신명 나게 북돋웠다. 농민 문화의 핵심으로 자리 잡은 두레는 두레 풍물, 두레 싸움을 비롯해 '두레밥'이라는 고유의 음식 문화를 낳았다.

두레꾼들은 일터로 날라온 들밥, 즉 두레밥을 하루 두세 번에 걸쳐 먹었다. 주로 오전 참, 점심, 오후 참을 먹었는데, 특히 끼니 사이에 일하다가 잠시 쉬며 먹는 것을 새참 또는 참이라 했다. 내 고향 충남 천안에서는 새참을 '저밥'이라 불렀다. 점심 이전 새참을 아침 저밥, 저녁 이전 새참을 저녁 저밥이라 했고, 아침부터 저녁까지 두레밥을 하루에 모두 네 번 먹었다. 이렇게 여러 번 밥을 챙겨야 하고, 일꾼이나 두레꾼이 적게는 10명부터 많게는 30여 명이 함께 움직이기 때문에 두레밥으로는 손이 많이 가는 음식을 내지 못했다. 보리밥이나 주먹밥에 고추장·된장·김치·젓갈·장아찌·나물무침·생선 등을 형편에 맞추어 내고, 들녘에 지천인 푸성귀를 따서 된장에 찍어 먹거나 바가지에 보리밥과 고추장을 넣고 쓱쓱 비벼 먹었다. 밥에 장국 또는 냉국을 곁들여 내 장국밥을 먹는 경우도 있었다. 여기에 사내들의 땀을 식혀줄 막걸리는 필수였다. 두레밥은 그날 일을 시키는 집에서 준비하기도 했고, 동네 아낙들이 번갈아가며 밥 짓기 품앗이로 마련하기도 했다.

들밥 문화는 곧 쌈 문화라고 할 수 있다. 들에서 가장 쉽게 구할 수 있는 먹거리가 상추나 풋고추, 푸성귀였으니 바로 따서 고추장, 된장 발라 한입 가득 싸 먹으면 그보다 효율적인 음식이 없었다. 상추쌈 먹던 두레밥 풍습은 조선 후기에 그려진 다양한 경직도에 자주 나타난다. 특히 여섯 명의 장정이 웃통을 벗어젖힌 채 들밥을 먹고 있는 김홍도의 풍속화에 잘 드러나 있다. 또한 현전하는 김매기 노래나 선비들의 저서에도 두레밥을 기다리는 일꾼들의 모습이 잘 표현되어 있다. 다산 정약용이 해남으로 귀양 가서 집에 보낸 편지를 보면 "여기는 반찬이라고는 별로 없어서 상추에 그냥 밥을 싸 먹는다"며 한탄하는 내용이 나온다.

논일이나 밭일을 하며 나눠 먹던 들밥. 보리밥, 조가 들어간 조주먹밥, 고추장, 우렁이쌈장, 돌나물 마른새우 지짐이, 무짠지, 상추, 호박잎 등을 광주리에 이고 내갔다. 막걸리는 필수로 챙겨야 하는 품목이었다.

상추쌈은 왕실에서도 즐겨 먹었다. <승정원일기承政院日記>에는 숙종 때 대왕대비인 장렬왕후의 수라상에 상추를 올렸다는 기록이 있고, 실수로 상추에 담뱃잎까지 섞어 올려 담당자를 엄중하게 처벌해야 한다는 내용도 나온다. 이처럼 조선 시대 상추쌈은 위로는 왕실을 비롯해 아래로는 일반인까지 모두가 즐겨 먹은 국민 음식으로 자리 잡고 있었다.

한국 쌈 채소 열전

고소하고 단맛

쌈배추

쌈이나 겉절이용으로 많이 먹는 미니 배추. 질감이 약간 뻣뻣해 강된장 같은 짭조름한 쌈장과 곁들여 먹으면 달콤한 뒷맛과 잘 어우러진다. 살짝 데쳐 된장에 무쳐 먹거나 돼지보쌈을 먹을 때 소금에 절여 싸 먹기도 한다.

청경채

식감이 연하고 맛과 향이 튀지 않아 어떤 음식과 쌈장에도 무리 없이 잘 어울리며, 데쳐 먹으면 달큼한 단맛이 우러나와 식욕을 자극한다. 해독과 항암에 효능이 있으며, 수분이 많고 열량이 낮아 다이어트에도 좋다.

적근대

잎줄기와 잎맥이 붉은빛을 띠는 적근대는 주로 생쌈으로 먹지만, 살짝 데쳐 숙쌈으로도 즐긴다. 식감이 부드럽고, 속잎은 은은한 단맛이 나 짭조름한 쌈장과 즐기면 맛있다. 맛이 순하고 수분을 다량 함유하고 있다.

호박잎

질감이 꺼끌꺼끌해 숙쌈으로 즐기는 것이 좋다. 찐 호박잎에 고기를 넣고 강된장을 곁들여 싸 먹는 호박잎쌈밥은 여름철 입맛을 잃었을 때 식욕을 돋우기에 그만이다. 꽁치조림이나 고등어조림을 싸 먹어도 별미다.

청상추

쌈 채소의 으뜸은 단연 상추다. 향이 은은하면서 상큼한 맛이 나 어떤 재료나 쌈장을 싸 먹어도 잘 어울린다. 머리를 맑게 하고 불면증 해소, 피부 미용 등 다양한 효능을 지닌 채소로, 영양소를 골고루 함유해 '천금채'라고도 한다.

다채

비타민 함량이 높아 '비타민채'라고도 불린다. 특히 눈 건강에 좋은 카로틴이 시금치보다 두 배나 더 많이 함유돼 있다. 떫은맛이 없고 담백해 쌈으로 먹기 좋다. 고온에서 단시간 가열하면 식감이 더 좋아진다.

알싸하고 쌉싸래한 맛

치커리

은은한 쓴맛이 매력적인 치커리는 입맛을 돋우고 소화 촉진에도 효과가 있다. 자작하게 끓인 두부쌈장을 얹어 먹으면 특유의 쓴맛이 완화되고 치커리에 부족한 단백질이 보충된다.

깻잎

독특한 맛과 향을 즐기기 위해 생쌈으로 주로 먹지만, 끓는 물에 소금을 약간 넣어 데쳐 먹어도 색다르다. 고기의 누린내나 생선의 비린내를 잡아주며, 약간 비릴 수 있는 젓갈 특유의 강한 향과도 잘 어우러진다.

아욱

국거리로 많이 이용하던 채소지만 요즘엔 쌈으로도 자주 먹는다. 생으로 먹기에는 약간 뻣뻣해 데치거나 쪄서 먹는 게 좋다. 수분과 단백질이 많고 칼슘과 비타민 A·B·C가 풍부하게 들어 있다.

곰취

쌉싸름하고 독특한 향미를 지녔다. 찜통에 찐 다음 밥을 얹고, 그위에 강된장이나 약고추장을 올린 후 돌돌 말아 숙쌈으로 먹으면 별미다. 기력을 회복하고 몸의 열을 내리는 효과도 있다.

케일

케일의 어린잎은 단맛이 나고 부드러워 쌈으로 먹기에 좋다. 다른 쌈 채소에 비해 섬유질이 풍부해 포만감을 준다. 잎이 두껍고 뻣뻣한 편이라 살짝 데친 후 고소한 맛의 쌈장을 곁들여 먹으면 더욱 부드럽게 즐길 수 있다.

적로메인

쌉싸름하면서도 감칠맛이 나 쌈으로 즐기기에 좋다. 식감이 아삭아삭하고 입안이 개운해지는 쌈 채소라 어떤 재료와도 잘 어울린다. 피부 건조 예방, 독소와 노폐물 배출에 좋고 섬유소가 풍부해 변비 해소에도 그만이다.

품위 있는 한식 쌈, 구절판

글 · 한복려(궁중음식연구원장)

92~93쪽 · 아홉 칸으로 나뉜 그릇에 아홉 가지 재료를 담았다고 해서 이름 그대로 구절판이라 부른다. 영양적으로도, 시각적으로도 균형이 잘 잡힌 웰빙 음식으로 현대에도 각광받고 있다.

여름 세시 풍속을 보면 음력으로 5월 단오, 6월 유두, 7월 삼복을 명절로 치는데, 옛날에는 이때 제철 음식을 만들어 즐기며 더위를 피하는 행사를 하곤 했다. 한여름은 한창 쌀농사를 지을 때지만, 보리와 밀을 미리 추수하는 때이기도 하다. 유두의 절식으로는 단연 햇밀로 만든 음식을 꼽을 수 있는데, 참외·수박과 함께 유두면(밀칼국수), 상화병(밀가루에 술을 넣어 발효시켜 찐 빵), 연병(묽게 푼 밀가루 반죽으로 동그랗고 얇게 전병을 부친 후 소를 놓고 돌돌 만 것)을 만들어서 조상을 모신 사당에 올리고 이웃들과 나누어 먹었다.

그중 하늘하늘 비치는 얇은 밀전병에 여러 가지 색의 채소와 고기, 해물 등을 싸서 한 입에 먹는 음식이 있었으니, 다름 아닌 구절판이다. 구절판은 본래 식기의 이름이다. 중앙에 원형 1개, 가장자리에 사다리꼴 8개를 모아 만든 목기다. 가운데 원 모양 칸에는 하얀 밀전병을 겹겹이 놓고, 가장자리에는 다양한 재료를 익혀 젓가락으로 집기 편하게 담아낸다.

구절판은 처음부터 화려한 그릇에 담아 먹진 않았을 것이다. 구절판이라는 이름으로 세상에 드러난 때는 1930~1960년대, 당대의 한국 요리 전문가들이 특별한 음식으로 신문에 소개해 유행하기 시작했다. 화려한 모양새 덕분에 당연히 궁중 음식에서 전해졌을 것으로 생각하겠지만, 궁중이나 반가 음식에 소개되어 있지는 않다. 한국의 세시 풍속을 이야기하는 대표적 책인 <동국세시기>에는 이 음식을 얇게 부친 밀전병에 달게 만든 깨나 팥, 가지각색 나물 등의 소를 놓고 돌돌 말아 먹는 연병連餠으로 소개했다.

음식은 좋은 식재료가 우선이지만, 정성 들인 모양새와 완성된 음식을 어떤 그릇에 담아내는지에 따라 끝없이 사치스러워진다. 예전에 많이 쓰던 구절판 그릇은 붉은 옻칠을 한 목판 위에 자개로 십장생·꽃·산수화 등을 화려하게 수놓은 것으로, 한때는 집 안 장식품으로 자랑할 만큼 소장 가치가 높았다. 오색찬란한 문양이 들어간 팔각형 뚜껑이 덮여 있을 땐 안에 담긴 음식의 자태를 보지 못해 초대받은 사람들에게 기대감까지 안겨준다. 그리고 뚜껑을 살그머니 열면 사람들은 환호성을 지른다. 그릇의 아름다움을 먼저 자랑하고, 그다음엔 정성 들여 만든 주인의 솜씨를 드러낸다. 멋진 그릇에 담아 마치 커다란 꽃이 만개한 것처럼 보이도록 만든 이 밀전병 쌈을 두고 <대지>의 작가 펄 벅도 "화려한 꽃 한 송이가 핀 것 같아 차마 먹을 수가 없다"라고 극찬하지 않았던가.

밀전병을 쌈처럼 먹는 음식은 중국의 춘권, 멕시코의 타코, 프랑스의 크레페 등 어느 나라에나 있다. 그러나 구절판 밀쌈은 달거니 기름진 다른 나라의 쌈 맛과는 완전 다르다. 먹는 맛이나 느낌이 너무나 담백하며 섬세하고 우아한 품위를 지니고 있다. 구절판의 밀전병은 두껍지 않아야 한다. 순수하게 밀가루의 끈기를 이끌어내는 반죽의 기술이 있어야만 마치 실크처럼 매끄럽고 부드러운 촉감을 지닌 전병이 된다. 소금 간을 잘한 밀가루를 묽게 풀어 아주 얇고 둥글게, 손바닥에 올릴 수 있는 크기로 부쳐야 한다. 극도의 섬세한 기술이 필요하다. 마음속에서 우러나는 정성으로 인내심을 가지고 부쳐야 한다. 소로 얹는 나물로는 색이 다른 오이, 당근, 죽순, 숙주, 표고버섯, 석이버섯 등과 쇠고기, 전복, 해삼, 양, 천엽도 쓴다. 오방색의 조화를 맞추어 적·녹·황·백·흑의 재료를 골고루 써야 하며, 고운 채로 썬 후 색을 살려 양념해 물기 없이 볶아야 한다. 구절판은 나물과 고기가 한 입에서 조화를 이루어야 하는 음식이라 초간장이나 겨자장이 약간 들어가야 더 맛있다. 목으로 타고 넘어가는 밀쌈의 맛은 그 다음 쌈 싸 먹기를 재촉하게 만든다. 속 재료는 한입에 먹기 적당한 양을 얹어야 도르르 말기도 쉽고, 밀전병과 속 재료의 맛이 적당히 어우러진다.

구절판은 술안주로도 최고 음식인데, 여유롭게 서로 권하며 함께 즐길 수 있기 때문이다. 그런데 요즘은 좋은 음식을 천천히 기다리며 즐기지 못하는 이가 많다. 상추쌈 싸듯 손으로 가득 움켜쥐고 먹는 이가 있는가 하면, 귀찮다는 이유로 각각 따로 먹거나 먹지 않는 사람도 있다. 그래서 색이 있는 밀전병에 아예 말이를 한 후 한정식의 전채 요리로 내놓기도 한다. 물론 시간과 공을 들여야 하는 음식이라 일반 가정뿐 아니라 한정식집에서도 점점 외면하는 추세이고, 호텔 메뉴나 공식 행사에 앞머리 음식으로 색밀쌈을 내는 경우가 종종 있다.

푸짐하게 싸서 거칠게 입안에 우겨 넣는 일반 쌈만큼 즉흥적인 만족감은 찾을 수 없을지 모르지만, 구절판은 품위를 지키며 음미하면서 먹는 쌈이라 할 수 있다. 예술로 승화된 음식은 모양과 색채, 디자인이 조화를 이루어 멋진 그릇에 담길 때 보는 것만으로도 감탄을 자아내는데, 구절판은 거기에 맛과 멋까지 즐길 수 있으니 어찌 예술적인 음식이라 하지 않을 수 있으랴.

궁중에서도
상추쌈을 먹었다는데…

도움말과 요리·한복려
(궁중음식연구원장)

조선의 고종과 순종도 즐겨 먹었다는 궁중 상추쌈. 궁중에서 상추쌈을 즐길 때 쌈 채소는 시절에 따라 달라졌지만 마지막 씻는 물에 참기름을 한 방울 떨어뜨려 헹궈 향을 돋우는 것만큼은 똑같았다. 쌈을 쌀 때는 상추를 뒤집어 매끄러운 면을 손바닥에 얹었다. 상추를 뒤집어 싸 먹으면 절대로 체하지 않는다는 속신 때문이었다고 하지만, 실제로는 쌈의 거친 면이 입에 닿지 않게 하려는 배려에서 비롯한 것이 아닐까 싶다. 궁중 상추쌈 차림의 찬품은 절미된장조치, 보리새우볶음, 병어감정, 장똑똑이, 약고추장 등이었다. 취향에 따라 이 중 두세 가지를 쌈 위에 얹고 마지막에 참기름을 한 방울 넣어 싸 먹었다고 한다. 쌈을 먹은 후에는 따뜻한 성질을 지닌 계지차를 마셔 상추의 찬 기운을 중화했다.

절미된장조치

쇠고기와 표고버섯만 넣고 된장 맛을 주로 하여 되직하게 끓이는 된장찌개다. 조치에 쓰는 된장은 간이 세지 않은 것이 좋다. 재료를 작은 뚝배기에 담아 밥솥에 찌거나, 중탕한 다음 살짝 끓이거나, 약한 불에 올려서 서서히 끓여야 제맛이 난다.

보리새우볶음

보리 수확기에 나는 새우라 하여 이름 붙은 '보리새우'로 만든다. 새우는 타기 쉬우므로 최대한 약한 불에서 수분을 날리며 잠깐 볶다가 기름을 둘러 볶은 뒤 간장, 설탕, 참기름을 넣고 조금 더 볶는다.

병어감정

병어살만 따로 썰어 넣고 국물을 적게 해 끓인 고추장찌개. 원래 궁에서는 '웅어'라는 생선을 사용했는데, 웅어를 진상하는 곳이 궁 가까운 곳에 있을 정도였다고 한다. 지금은 웅어를 구하기 힘들므로 가장 유사한 병어로 만든다. 병어를 다섯 장 뜨기로 살만 뜬 후 2cm 폭으로 썬다. 고추장, 간장, 육수, 갖은양념을 넣고 끓인다.

장똑똑이

고기를 썰 때 '똑똑똑' 소리가 난다고 해 이름 붙은 요리로, 궁중 상추쌈에 넣어 먹거나 골동반 또는 골동면에도 활용했다. 기름기 없는 쇠고기를 결대로 채 썰어 간장 양념에 볶는데, 실처럼 가늘게 채 썬 모양만 봐도 장똑똑이 한 젓가락에 들어가는 정성이 대단했음을 알 수 있다.

약고추장

한국 음식 중 '약' 자가 들어가는 음식은 대부분 참기름과 꿀을 넣은 것이다. 이 두 재료를 넣으면 약이 된다고 여긴 것이다. 고추장, 참기름 등을 넣어 윤기 나고 차지며 감칠맛이 특징이다. 약고추장은 쌈장뿐 아니라 비빔밥의 비빔장, 주먹밥 소 등 여러 가지로 활용할 수 있다.

한국인은 언제부터 김밥을 먹었을까?

글·윤덕노(음식 문화 칼럼니스트)

김밥이 지금 같은 원통 모양이 된 것은
일제강점기 이후의 일이고,
한민족의 김쌈은 오늘의 주먹밥과
비슷한 형태였다.
아래는 양념한 홍합을 넣고 취나물로 싼
취나물쌈밥. 복쌈의 한 종류다.

김밥은 마법 같은 음식이다. 무한 변신이 가능하다. 한국에서 김은 전통적으로 밥을 싸 먹는 반찬이었지만 동남아시아에서는 과자로 변신했고, 유럽과 중동에서는 다이어트 식품이 됐다. 김밥은 여러모로 기적 같은 음식이다. 김을 먹게 된 과정이나 김밥 종류 하나하나의 내력을 봐도 그렇다.

예컨대 누드 김밥은 원조가 캘리포니아 롤이다. 누가, 그리고 왜 김밥을 밥알이 보이도록 거꾸로 말 생각을 했을까? 누드 김밥은 1970년대 초, 미국 LA에서 처음 생겼다. 당시 미국인은 김밥을 싫어했다. 태운 종이처럼 생긴 이상한 식재료로 밥을 싸 먹는다는 서양 특유의 편견에 더해 동양인에게는 고소한 김 맛이 이들에겐 비린내로 느껴졌던 것이다. 그래서 한 레스토랑에서 아이디어를 냈다. 김밥 소로 미국인이 좋아하는 아보카도, 오이를 넣고 김이 보이지 않도록 거꾸로 만 후 미국인이 최고급 식품으로 여기는 캐비아와 비슷한 날치알 그리고 연어알 등을 고명으로 얹어 보기 좋게 장식했다. 이름도 아예 아시아 느낌이 나지 않게 캘리포니아 롤로 바꿨다. 그러다 1980년대 미국에 스시가 유행하면서 누드 김밥인 캘리포니아 롤 역시 덩달아 대박이 났다. 일반적이면서 흔한 김밥을 역으로 살짝 뒤집은 결과다.

생각해보면 김과 김밥의 변신 중에는 이런 것이 한두 가지가 아니다. 한국의 충무김밥도 그중 하나다. 여름에 밥과 반찬을 함께 말면 쉽게 상하니 밥 따로, 반찬 따로 먹기 시작한 것이 충무김밥의 유래다. 함께 먹는 밥과 반찬을 분리했을 뿐인데 지금은 명품 프리미엄 김밥이 된 것이다.

밥에 스팸을 붙이니 오바마 전 미국 대통령이 즐겨 먹었다는 스팸 무스비가 만들어졌고, 그냥 먹으면 평범한 김밥인데 겨자를 풀어 만든 비법 소스에 찍어 먹는 방식으로 변형하니 마법 같은 마약김밥이 됐다. 김과 김밥의 변신은 이루 헤아릴 수 없을 정도로 변화무쌍하다.

요즘 김과 김밥은 한국뿐만 아니라 미국과 유럽, 동남아시아 등지에서도 인기가 높다. 한때 태운 종이 같은 것을 먹는다고 놀림받던 음식이 지금은 널리 환영받는 비결이 무엇일까? 여러 가지 설명이 가능하다. 오해와 편견을 버리고 먹어보니 맛있고, 태운 종이 같아 비위생적으로 여겼는데 알고 보니 건강식품인 데다, 먹다 보니 편하고…. 이유야 한두 가지가 아니다. 먹기 편하고 아이디어가 반짝이는 예쁜 모양에 맛도 좋은 캘리포니아 롤 같은 김밥이 유행을 타거나 마케팅에 힘입어 널리 퍼진 경우도 있다.

바다 이끼로 만든 음식?

하지만 지금처럼 김밥을 인기 식품으로 만든 보다 근본적인 이유는 따로 있다. 김의 무한한 확장성 그리고 그에 따른 발상의 전환과 창조력이 그것이다. 따지고 보면 김의 역사, 김밥의 역사는 그 자체가 발상의 전환이 만들어낸 기적의 연속이라고 할 수 있다. 김은 일단 존재 자체가 기적 같은 식품이다. 지금은 김이 지구촌 곳곳에서 환영받는 식품이 됐지만, 옛날부터 김을 먹은 나라는 한국과 일본 정도에 불과했다.

김은 바닷가에서 자라는 이끼로 만든다. 그런데 언제부터 이런 바다 이끼를 따다 김으로 먹기 시작했을까? 한국의 경우 삼국시대 이전부터라고 본다. 조선 후기 실학자 한치윤은 <해동역사海東繹史>에서 "신라에서는 바닷가 사람들이 새끼줄을 허리에 묶고 물속에 들어가 해초를 딴다"라고 했으니 바닷가 바위에서 자라는 이끼인 김도 그 무렵에 채취했을 것으로 추정한다.

애초에 바다 이끼를 따다 식용으로 삼은 이유는 먹을 것이 충분치 않았기 때문일 것이다. 주변에 식품이 널려 있는데 굳이 파도치는 바다에 들어가 바위에 붙은 이끼를 뜯어 먹지는 않았을 것이다. 그런 면에서 최초의 김은 바다 마을 주민의 허기진 배를 채워준 구황 식품, 구원의 음식이었다.

이런 김이 어느 때부터인가 기적처럼 별미로 변신했다. 삼국시대에는 몰라도 고려 시대에는 김이 상류층의 밥상에 반찬으로 오르기 시작했다. 한국 김의 위상 변화를 이름에서도 확인할 수 있다. 김은 한자로 바다 해海, 이끼 태苔 자를 써서 해태라고도 했고, 바다에서 자라는 자주색 풀이라는 뜻에서 자채紫菜라고도 했다. 일본어로는 김은 '노리のり'다. 어원이 흥미로우면서 특별하다. 미끈미끈하다는 뜻의 '누라누라ぬらぬら'에서 비롯했다고 한다. 바다 이끼의 미끈거리는 촉감을 표현한 단어가 바로 노리의 어원인 것이다. 노리라는 일본어, 그리고 해태라는 한자어는 어쨌거나 김에 대한 지칭이 바다 이끼와 관련 있음을 말해준다.

반면 한국말 김은 조금 다르다. 어원이 어디에서 비롯했는지 확실치 않지만 옛날에는 김을 한자로 짐朕이라고 음역해 적었다. 과거 임금이 스스로를 가리킬 때 쓴 단어를 빌려 김을 한자로 적었으니 김의 위상이 이만저만 높던 게 아닌 듯하다. 김을 표현하는 또 다른 한자어로는 바다의 옷을 의미하는 해의海衣, 바다에 떠 있는 깃털을 뜻하는 해우海羽 등이 있었다. 어딘지 모르게 고상하고 우아한 느낌이다.

단순한 말장난 같지만 이름만 봐도 밥상에서 차지하는 한국 김의 위상이 중국, 일본과는 확연하게 달랐음을 알 수 있다. 김은 고려 시대 이래로 귀족의 밥상, 임금의 수라상에 오른 귀한 음식이었다. 고려 말의 재상 이색은 강릉에서 김을 보내준 절도사에게 감사의 시를 쓰기도 했다. "하얀 밥그릇에 푸른 김이 놓이니 밥상에 꽃이 핀 듯하고 입안에는 향기가 감돈다"라는 내용이었다. 김이 얼마나 상류층의 입맛을 사로잡았는지 알 수 있는 대목이다. <조선왕조실록朝鮮王朝實錄>에는 효종과 정조 때 김을 왕실의 공물로 바쳤다는 내용이 나온다. 그러니 임금님도 김으로 밥을 싸서 수라를 들었을 것이다. 바다 이끼가 변신을 거듭해 임금 수라상에까지 올랐으니 엄청 출세했다.

조선 시대부터 김밥을 먹었다

김밥의 역사는 김과는 또 다르다. 김밥으로 먹으려면 먼저 김을 종이처럼 만들어야 한다. 종이는 2세기에 중국에서 처음 발명했다. 하지만 종이 김은 훨씬 후에 개발됐다. 바다 이끼로 종이를 만들려면 혁명적 사고 전환이 필요한 만큼 종이 김을 만들기가 그렇게 쉽지는 않았던 모양이다.

그렇다면 식용 종이 김은 언제부터 먹었을까? 옛날부터 김을 섞어서 만드는 종이가 있기는 했다. 태지苔紙라는 한지인데, 질기고 글씨가 잘 써져 최고급 종이로 꼽혔다. 우리나라에서 태지를 잘 만들었기에 중국 선비들이 몹시 탐낼 정도였다. 이런 태지가 문헌에 처음 등장한 것은 16세기 초다. 그러니 제조 기술은 그 이전에 개발됐을 것이고, 태지보다 제조법이 단순한 식용 종이 김은 이보다도 훨씬 일찍 만들었을 것 같다. 다만 기록이 없기에 확실한 시기는 알 수 없다. 식용 종이 김이 확실하게 문헌에 보이는 것은 18세기 초 이익이 쓴 <성호사설>이다. 이 책에는 "속칭 김이라는 것이 있는데, 바다의 바위에서 나는 이끼로 이것을 따서 종잇조각처럼 만든다"라고 적혀 있다.

김밥을 만들어 먹으려면 발상의 전환이 필요하다.
무엇보다 바다 이끼인 김을 종이처럼 만들어야 한다.
종이 김이 문헌에 등장한 것은 17~18세기 초로,
이때부터 김으로 밥을 싸서 먹기 시작하지 않았을까
미루어 짐작된다. 영조와 정조를 거쳐 순조까지
조선 후기에 김으로 밥을 싸서 먹었다는 기록이 자주 보인다.
따라서 김밥의 원조를 일본으로 보는 것은
명백한 착오라 할 수 있다.

김으로 밥을 싸서 먹기 시작한 것 역시 종이 김이 확실히 문헌에 나타나는 것과 같은 시기인 17~18세기 초부터다. 영조와 정조를 거쳐 순조까지, 조선 후기에 김으로 밥을 싸서 먹었다는 기록이 여럿 보이는데, 그런 만큼 김밥 종류도 다양했다. 예컨대 순조 때 실학자 이규경의 <오주연문장전산고五洲衍文長箋散稿>에는 요즘의 고급 주먹밥 같은 음식 만드는 법이 나온다. 흰쌀밥에 다양한 재료를 넣으면 맛이 특별해진다며 채소를 빻아 넣어 둥글게 뭉쳐 주먹밥을 만드는 방법이 있었고, 새우나 홍합을 넣어 경단처럼 만드는 법, 또는 기름소금에 재어 구운 김 가루로 밥을 둥글게 뭉치는 법 등이 있었다. 제사상에도 기름소금에 재어 구운 김을 올린다고 했으니, 이 무렵 사람들이 구운 김을 널리 먹었다는 것을 알 수 있다.

기름소금에 재어 구운 종이 김이 있었으니 김에 밥을 놓고 쌈을 싸는 것 또한 별로 어렵지 않았을 것이다. 조선 후기 우리 풍속을 기록한 <동국세시기>에서는 "정월 대보름이면 채소나 김으로 밥을 싸 먹는데 이를 복쌈이라고 부른다"라고 했다. 다만 김밥 중에서 지금 같은 원통 모양, 단무지가 들어간 김밥은 일제강점기 이후에 보인다. 그래서 마치 김밥의 원조를 일본으로 착각하기도 하는데, 이는 오랜 세월에 걸쳐 획기적 발상의 전환을 통해 진화를 거듭해온 우리 김밥에 대한 모독이 아닌가 싶다.

한국 김밥과 일본 김밥은 뿌리부터 다르다

일본도 우리와 마찬가지로 옛날부터 종이처럼 생긴 김을 먹은 나라로, 김 조각을 삼각형으로 붙인 삼각김밥부터 김초밥인 노리마키のりまき, 참치의 붉은 살코기와 고추냉이를 넣어 톡 쏘는 맛을 내는 뎃카마키てっかまき 등 다양한 김밥이 발달했다. 다만 일본에서 노리마키가 널리 유행하기 시작한 것은 1830년대 무렵이고, 문헌에 노리마키가 처음 등장한 것은 1787년에 간행된 문헌에서라고 하니 일본 김초밥은 김밥의 원조라고 운운할 만큼 역사와 뿌리가 깊지 못하다. 한국으로 치자면 순조 때인데, 앞서 말한 것처럼 그 무렵 우리나라에서는 이미 다양한 김밥을 선보이고 있을 때다. 김밥을 말 수 있는 종이 김의 기원 또한 일본에 여러 가지 설이 있지만 가장 유력한 것은 옛날 도쿄인 에도의 중심지 아사쿠사에서 18세기 중순에 종이 뜨는 기술을 응용해 종이 형태의 김을 만들었다는 설이다. 김과 김밥이 발달하는 과정에서 한국과 일본이 서로 영향을 주고받았을 수는 있다. 하지만 오랜 세월에 걸쳐 따로 발전했으니 원조를 놓고 따지는 것 자체가 불필요하다.

정리하면, 바닷가 마을의 구황 식품이 귀족의 밥상, 임금의 수라상에 오를 만큼 위상이 높아지더니 19세기에는 명절 음식으로, 20세기에는 소풍 음식으로, 21세기에는 글로벌 건강식품으로 발전했다. 그리고 이제는 한국과 일본에 이어 김을 먹지 않던 태국과 베트남에서도 다양한 김 과자를 만들어 먹으면서 "식품 산업의 검은 반도체"라는 소리를 들을 정도로 가치가 높아졌다. 김과 김밥의 역사로 본 끝없는 발상의 전환이 어디까지 이어질지 궁금하다.

중국 만두와 한국 만두는 다르다

글 · 주영하(한국학중앙연구원 한국학대학원 교수)

밀가루 반죽을 밀대로 말아 넓게 편다. 주전자 뚜껑이나 밥 뚜껑으로 동그랗게 떼어낸다. 손바닥에 올린 원형 반죽 가운데에 만두소를 놓고 잘 오므린다. 대부분의 한국 가정에서 만두 만드는 방법이다.

오늘날 중국인은 소를 넣지 않고 찐 음식을 '만터우(饅頭)'라고 부른다. 고대의 만터우에는 소가 들어 있었다. 북송 때인 12세기 이후 밀가루 반죽을 발효시키는 기술이 발달하면서 소를 넣은 만터우와 넣지 않은 만터우로 분화되었고, 13세기까지도 두 가지 모두 만터우라고 불렀다. 현재 기준으로 하면, 중국인은 소가 들어간 만두를 '바오쯔(包子)' 또는 '자오쯔(餃子)'라고 부른다. 둘 다 발효시킨 밀가루 반죽으로 만든 피에 소를 넣고 찌거나 삶아 만든다. 모양이 둥글고 피가 두꺼우면 바오쯔, 피가 얇고 납작한 모양이면 자오쯔다. 이 음식들은 칭기즈칸의 몽골제국 때 중국 북방에서 지금의 한반도(만두), 티베트(모그모그), 네팔(모모), 러시아(펠메니Pelmeni), 우크라이나(바레니키vareniki), 폴란드(피에로기pierogi), 이탈리아(라비올리ravioli) 등지로 퍼져 나갔다. 이름과 모양에 차이가 있지만, 대부분 밀가루 반죽으로 만든 피를 사용한다.

13세기 원나라 간섭기에 고려의 지배층 중에는 직접 중국을 방문해 여러 가지 만두를 맛본 사람이 있었다. 또 중국 서북 지역의 위구르인과 회족回族 상인 중에는 고려의 수도 개경에서 만두를 판매하는 음식점을 운영한 사람도 있었다. 그만큼 13~14세기 개성과 서울에서는 만두가 인기를 끌었다. 그런데 한반도는 만두피를 만드는 재료인 밀의 생산량이 많지 않았다. 그것도 장마가 오기 전인 6월에 일부 지역에서 소량의 밀을 수확할 뿐이어서 중국식 만두를 그대로 재현하기란 쉽지 않았다. 그래서 한반도 사정에 맞춘 새로운 만두가 개발되었다. 조선의 여성 문인 장계향(1598~1680)이 쓴 17세기의 한글 요리책 <음식디미방(閨壺是議方)>에는 당시 만든 다섯 가지 만두 요리법이 적혀 있다. 즉 밀가루, 쌀가루, 누룩, 밀기울로 만든 술에 밀가루를 넣고 반죽해 발효시킨 후 쪄낸 상화, 밀가루로 피를 만들고 소를 넣어 빚은 밀만두, 메밀가루에 녹두즙을 넣어 점성을 보충한 피에 소를 넣어 빚은 메밀만두, 밀가루로 만든 피에 소를 넣은 다음 석류 모양으로 빚어 국에 넣고 익힌 석류탕 그리고 생선살로 만든 피로 소를 감싼 어만두 등이다. 당시에는 꿩고기나 쇠고기, 오이, 박, 무, 석이버섯, 표고버섯, 참버섯 등을 간장기름으로 양념한 것 등으로 소를 만들었다.

만두소를 참가자미살로 감싸 만든
참가자미 어만두. 중국이나 일본에서
쉽게 볼 수 없는 형태의 만두로,
조선 시대의 대표적 고급 음식이었다.
현재 한국의 몇몇 파인다이닝에서도
만날 수 있다. 요리·조희숙

오로지 한반도에서만 만들어 먹은 만두는 어만두다. 숭어나 민어같이 몸집 큰 생선의 살을 얇게 저며 피를 만든다. 생선살에 소를 넣고 만두 모양으로 빚은 다음, 피가 뭉그러지지 않도록 녹두 가루나 찹쌀가루를 곁에 살짝 묻힌다. 어만두는 조선 시대의 대표적 고급 음식이었다. 왕실 잔치나 귀한 손님 접대에는 반드시 어만두를 차려 냈다. 물론 상화, 밀만두, 메밀만두, 석류탕도 부유한 가정의 잔치나 손님상에만 올랐다. 13~16세기 서울의 부유한 가정에서는 음력 1월 1일 설날에 밀만두를 '차례'라고 부르는 조상 제사상에 올렸다. 그런데 6월에 수확한 밀이 설날 즈음 떨어져 밀만두 만들기가 여간 어렵지 않았고, 메밀만두는 흰색이 아니어서 차례상에 올리기 적당하지 않았다. 그래서 양반집에서는 쌀가루를 반죽해 만든 떡을 썰어서 국에 넣고 끓인 떡국으로 만두를 대체했다. 17세기 이후 한반도 중부 지역에 사는 성리학자의 가정에서는 설날 차례상에 만두가 아닌 떡국만 올렸다.

개성의 부유층 집에서는 여름이면 만두의 일종인 편수를 만들어 먹었다. 편수는 밀가루를 냉수에 반죽한 후 얇게 밀어 네모반듯하게 자른 피로 만든다. 속에 넣는 재료는 쇠고기, 꿩고기, 돼지고기, 닭고기 중에서 고른다. 또 다진 미나리, 숙주, 무, 두부, 배추김치를 소로 쓸 수도 있다. 이 재료를 피에 올린 다음, 피의 네 모퉁이를 올려 붙여 네모반듯하게 모양을 빚는다.

만두가 대중화된 건 20세기에 들어서다. 19세기 말부터 한반도에 형성된 중국인 집단 거주지의 중국음식점에서는 다양한 종류의 중국식 만두를 판매했고, 한국인도 그것을 먹기 시작했다. 1950년 한국전쟁 이후 서울로 이주한 개성과 평양 출신 사람들이 운영하는 면옥麵屋에서는 매우 큰 편수를 판매했다. 1950년대 중반 이후 미국에서 저렴한 밀이 수입되면서 한국인의 밀만두 소비가 늘어났고, 중국음식점뿐 아니라 한국 음식 식당에서도 다양한 밀만두를 개발했다.

오늘날 한국인이 소비하는 만두의 종류는 매우 많다. 그러나 한국인은 여전히 소가 들어간 만두를 '만두', 소를 넣지 않은 만두를 '꽃빵'이라고 부른다. 13세기에 수용한 만두의 명칭은 한번 정착된 이후 지금도 지속되고 있다.

냉동 만두의 비밀

① 1972년 삼포식품공업사에서 한국 최초로 만두피 생산을 시작했고, 1981년 3월 한국 최초로 기계식 냉동 만두를 생산했다. 이를 냉동 만두 양산의 기반으로 본다. 삼포식품공업사는 2006년 9월 (주)오뚜기냉동식품으로 편입되었다.

출시 30년이 훌쩍 넘은 냉동 만두는 이제 명불허전 국민 간식으로 대접받고 있다. 냉동실에서 꺼내 익혀 먹기만 하면 되는 냉동 만두야말로 원조 가정간편식이라 할 만하다.

곱게 썰고 으깬 채소와 고기를 만두피에 듬뿍 올려서 보름달 허리 접듯 꼭꼭 여민 후, 뜨거운 고기 국물에 빠뜨리면 대접에 하현달 만두가 두둥실 뜬다. 뜨겁게 한 입 폭 베어 문 가족들 입에서 나오는 건 기꺼운 신음이다. 명절에나 누리던 이 입 호강은 이제 한국인 '누구나' '언제든' 누리는 것이 됐다. 지금은 냉장고에 냉동 만두 한 봉지 없는 집을 찾아보기 힘들 정도다. 익혀 먹기만 하면 되는 냉동 만두야말로 명실상부한 '원조 가정간편식'으로 꼽힌다.

1980년대 아이스크림 운반 시스템을 냉동 만두 유통에 접목하면서부터 냉동 만두가 대중화되었다는 주장도 있고, 당시 가구당 냉장고 보급률이 90%를 넘긴 덕분이라는 주장도 있다. 어떤 이유에서든 이 시기부터 냉동 만두가 가가호호 필수품으로 등장한 것만은 분명하다. 1981년 삼포식품공업사①에서 국내 최초로 기계식 만두 생산을 시작하면서 냉동 만두 시장이 본격적으로 열리게 되었다. 이후 여러 대기업에서 냉동 만두 시판에 합류하면서 냉동 만두의 대중화가 가속화되었다. 당시 냉동 만두가 대형 백화점의 명절 선물 인기 품목으로 인기를 끌면서 명절에 냉동 만두 선물 세트를 든 귀성객 모습이 낯설지 않았다. 명절 음식 스트레스를 덜어주는 효자 상품으로 등극하며 '냉동 기술이 더해진 고급 식품' '온 가족이 먹는 특식'으로 대우받은 냉동 만두는 1998년 IMF 외환 위기 때 '가성비 좋은 한 끼 식사'로까지 변신했다. 기름에 구워 먹는 냉동 군만두가 등장하면서 식용유 소비도 덩달아 급증할 정도로 인기가 급상승했다. 이후 2000년대 초 웰빙 열풍을 타고 불어온 담백한 물만두 열풍, 2008년 글로벌 금융 위기 이후 시작된 식사 대용 왕만두의 시대, 2010년대 중·후반 얇은 만두피 경쟁의 개막과 프리미엄 만두의 등장 등 냉동 만두는 한국 사회의 변화와 발맞춰온 명불허전 '국민 간식'이라 할 수 있다. 실제로 한국인 한 명이 1년에 평균 2.3kg씩 냉동 만두를 먹는다는 연구 조사 결과가 있다(1봉지당 450g 내외로 환산하면 1년에 1인당 5봉지 이상 섭취. 2016년 한국보건산업진흥원 조사).

② 쪄서 숙성시키는 과정.

냉동 만두 맛의 시작, 만두피

“냉동식품은 맛없는 저가 음식”이라는 오명을 비켜간 대표 상품이 냉동 만두다. 도대체 냉동 만두는 왜 맛있을까? 냉동 상태의 만두가 맛을 유지하는 핵심 비결은 무엇보다 냉동 시 수분 증발과 맛의 변화를 막기 위해 증숙蒸熟[②]과 방냉(냉각) 공정을 거친 후 -40℃ 이하에서 급속 동결하는 것이다. 이 기본 선결 조건 아래서 만두피와 만두소의 미세한 조율이 이뤄진다. 중국이나 일본 만두는 피가 두껍고 탄수화물 비율이 많은 데 비해, 한국 만두는 피가 얇다. 앞서 언급한 것처럼 시대와 소비자 입맛의 변화 등에 따라 만두피는 ‘양’으로 승부하는 1mm 두께부터 최근 0.7mm 전후의 얇은 피까지 다양하게 변화했다. 만두 시장에 얇은 피 바람을 일으킨 풀무원은 ‘찢어지지 않으면서 얇은’ 0.7mm 만두피를 위해 강력한 글루텐 생성을 도모하는 전분 원료를 개발했다. 제빵 기술을 만두피에 적용한 것. 이후 많은 만두 제조 회사들이 만두 종류에 따라 단백질 함량이 다른 밀가루와 전분을 적절히 혼합하는 방법을 택하고 있다. 빵에 많이 사용하는 글루텐 함량 13% 이상의 강력분, 8.5~12.9%의 중력분 비율을 조정하면서 거기에 전분을 섞는 방식이다. 오뚜기는 반죽을 진공상태로 만들어 쫄깃하게 하는 ‘유수油水 진공 반죽법’을 사용하고 있다. 좀 더 쉽게 설명하면 반죽 배합기를 진공상태로 만들어 밀가루 반죽 사이사이 공기층을 없애는 것. 이로 인해 물과 기름이 분리되지 않고 반죽에 완전히 섞여 한층 촉촉한 만두피, 육즙이 빠져나가지 않는 만두피가 되는 것. 해태 ‘고향만두 궁’, 칠갑농산 ‘손만두’ 등은 만두피 반죽 시 충분히 물을 넣고 오래 숙성하는 다가수多加水 숙성 방식을 택해 쫄깃하면서도 부드러운 식감을 자랑한다.

만두소에도 비밀이 있다

한국인이 가장 좋아하는 만두는 역시 매콤한 김치만두와 가장 기본이 되는 고기만두다. 고기만두는 채소와 고기를 최적의 비율로 조합하는 것이 느끼하지 않고 담백한 맛을 내는 비결이다. 만두소야말로 여러 가지 재료가 만나 한 몸으로 섞이는 ‘융합 맛’의 정점이므로 소 재료를 선택할 때 서로 부족한 맛을 채워주는 배합을 기본으로 한다. 제조 회사들이 한동안 ‘간 고기’를 선호했다면 이제는 ‘썬 고기’처럼 식감을 살린 재료를 사용하는 것이 최근 달라진 점이다. 원물 김치 맛이 만두 맛의 전부라 할 수 있는 김치만두는 김치 함량과 숙성도에 집중한다. 풀무원 '얇은피만두 김치'처럼 식감을 위해 깍두기를 썰어넣거나, 동원F&B의 '개성 얇은피 김치만두'처럼 저온 숙성한 김치를 만두소로 넣는 것이 대표적 예다.

최근에는 소비자의 다양한 취향을 반영해 새로운 맛의 조합을 찾아내는 것이 만두 제조 회사들의 과제가 되고 있다. 식감은 좋으나 갑각류 특유의 향이 부족한 새우 맛을 보완하는 재료로 홍게살을 더하거나, 인기몰이 중인 마라를 만두와 접목한 것이 그 예다. 또 토속 음식의 특징이 강한 만두에 걸맞게 메밀전병만두, 감자떡만두 등 지역 특유의 맛을 재현한 제품도 선보이고 있다.

채식이 트렌드를 넘어 생활 방식으로 자리 잡으면서 사조대림 '대림선 0.6 순만두', 오뚜기 '그린가든만두'처럼 채식주의자를 위한 만두도 출시되었다. 대림선 0.6 순만두는 육류를 사용하지 않고 100% 순식물성 단백질로 만든 제품이다. 오뚜기 그린가든만두는 동물성 재료를 배제한 제품으로, 개발 당시 고기를 빼면서도 만두의 맛을 구현하는 것이 난제였다. 고기의 영양소를 대체하는 콩·비지·두부 등을 사용하되 부족한 식감을 채워주는 물밤과 무, 풍미를 높이는 송화버섯 등 다양한 채소를 넣어 맛과 건강을 모두 챙겼다.

밥,
비비다

비빔밥, 한 그릇의 공화주의

글·강헌(문화평론가)

비빔밥은 쌀을 주식으로 삼아온 우리 민족이 오랜 시간에 걸쳐 완성한 밥 문화의 정점이라 할 수 있다. 이 한 그릇에는 쌀을 재배하기 시작한 부족국가 시대 이후 한반도에 거주해온 한민족의 뜨거운 열망과 안타까운 원망이 교차한다.

삼국시대부터 1980년대까지 쌀은 주식이면서도 언제나 모자랐다. 한강 이북 지방은 통일신라 시대가 되어서야 벼농사를 시작할 수 있었고, 식민지 시대엔 생산량이 비약적으로 늘었지만 공출로 인해 대다수 서민은 보릿고개에 신음해야 했다. 공업화가 가속 페달을 밟기 시작한 1970년대까지 한반도의 모든 삶은 쌀로 통했다. 북한의 김일성 주석마저 “혁명은 쌀”이라 하지 않았던가. “이밥에 고깃국”은 한마디로 유토피아의 지표였다. 농업정책이 실패한 북한은 여전히 식량 부족에 허덕이고 있지만, 휴전선 이남 지역은 패스트푸드를 비롯한 서양의 음식 문화가 급속히 상륙하면서 밥상 위 쌀의 지위가 급격히 쇠락했다. 근 2000년 만에 처음으로 쌀을 여유롭게 움켜쥐는 듯했으나, 그 순간부터 외면하는 아이러니가 대한민국에서 연출되고 있는 중이다.

하지만 바로 이 지점에서 ‘비빔밥’이라는, 전혀 새로울 것도 없는 새로운 신화 하나가 화려한 반전의 드라마를 펼치기 시작했다. 다른 문화권에선 지극히 배타적인 한국 음식의 한계를 단숨에 돌파한 비빔밥은 이웃 일본과 미국의 식문화에 신선한 충격을 주면서 세계적 웰빙 푸드로 급부상했다. 이른바 음식 한류의 시발이다.

비빔밥은 수직과 수평의 입체적 공간성과 계절의 시간성이 함축된 쌀밥 미각의 극점이라 할 수 있다. 동시에 들녘의 민초부터 재상과 임금에 이르기까지 계급의 장벽을 초월하는 폭넓은 포용력을 오랜 역사 속에서 축적해왔다. 물론 문헌을 통해 비빔밥의 유래를 밝히기란 쉽지 않다. 비빔밥이 처음으로 등장한 책은 19세기 초 순조 때 유학자 홍석모가 지은 <동국세시기>다.

“강남(양쯔강 이남) 사람들은 야외로 놀러 갈 때 먹을 밥(유반遊飯)으로 도시락을 좋아했다. 도시락은 밥 밑에 생선식해, 육포나 생선 말린 것, 생선회나 육회, 구이를 담아 만든다. 이를 야외에 나가 놀면서 섞어 먹는 것을 즐겼다.”

<동국세시기>에 기록된 이 같은 골동반을 19세기 말 조선 음식 레시피를 모은 <시의전서>에서는 “부밥”으로 표기하면서 다음처럼 적고 있다.

“밥은 정히 짓고, 고기는 재워 볶고, 간납(전)은 부쳐 썬다. 각색 채소를 볶아놓고 좋은 다시마로 튀각을 튀겨 부수어놓는다. 밥에 모든 재료를 섞고 깨소금, 기름을 많이 넣어 비벼서 그릇에 담는다. 위에는 날걀을 부쳐 골패 짝처럼

썰어 얹는다. 완자는 고기를 곱게 다져 잘 재어 구슬만큼씩 빚은 다음 밀가루를 약간 묻혀 달걀을 씌워 부쳐 넣는다. 장국은 잡탕국으로 해서 쓴다."

<시의전서>의 기록이 지금 우리가 접하는 비빔밥의 연장선에 놓여 있다면, <동국세시기>의 설명은 오히려 일본의 지라시 스시가 연상되는 굉장히 화려한 찬합 음식이다. 19세기 훨씬 이전부터 다양한 형태의 비빔밥이 존재했으리라는 것은 자명하며, 그 스펙트럼은 생각보다 광범위하다.

일본의 스시가 에도시대의 구휼 음식에서 비롯했듯이, 비빔밥에도 고된 농사를 짓는 농민이 먹는 들밥의 유전자가 자리한다. 간편하고 집약적인 이동식으로서 비빔밥에 콩나물국이 동반되는 것은 당연할 터. 이런 들밥의 상 위에 앞에서 언급한 양반들의 유반이 놓여 있다. 야외용 들밥과 더불어 비빔밥 유전자의 다른 축을 이루는 것은 음복례용 제삿밥의 성격이다. 제사상에 올린 밥과 나물을 큰 그릇에 담고 비벼 제사에 참여한 후손들이 나눠 먹으며 가족 공동체의 일체감을 고양한 것이다. 그리고 정월 상원에 먹는 오곡밥, 입춘에 먹는 오신채비빔밥, 섣달 그믐날 저녁에 궁중의 남은 음식을 모두 비벼 먹는 풍습 모두 비빔밥이라는 거대한 문화를 일구는 요소가 되었다.

밥·채소·고기·향신료가 빚어내는 다양한 색과 맛을 한데 어우른 탕평의 미학, 비빔밥은 각기 다른 개체가 한자리에 모여 이루는 벼농사 문화권의 작은 민주주의 공화국이라 할 수 있다. 한 그릇 속에 구현된 이 미각의 공화국을 이제 세계 시민이 주목하고 있다.

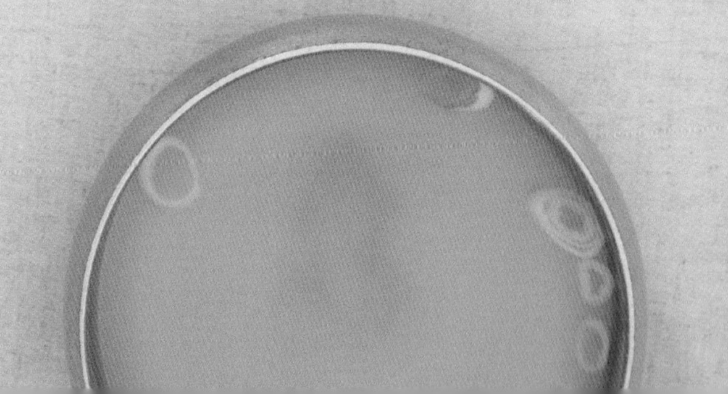

돼지비계 기름으로 볶은 밥에 닭고기 고명

해주비빔밥

북한의 비빔밥으로는 평양비빔밥과 해주비빔밥이 유명하다. 예부터 진주·전주·해주 지역의 비빔밥은 '전국3대 비빔밥'이라 부를 만큼 진미로 손꼽혔다. 평야가 많은 곡창지대에 산나물과 해산물까지 풍부한 황해도 해주 지역은 음식문화 또한 발달했다. 해주비빔밥은 <해동죽지海東竹枝>[①]에 '해주교반'이라는 이름으로 소개되었는데, 모양이 아름다워 붙은 이름이다. 지금은 소박한 모양으로 바뀌었다. 맨밥 대신 돼지비계 기름에 볶은 밥을 넣는 것이 특징으로, 황해도 지방의 매서운 추위를 이기는 방법 중 하나였다. 밥 위에 올리는 재료로는 즉석에서 익힌 콩나물, 애호박, 쇠고기, 고사리, 표고버섯, 달걀지단 등과 함께 가늘게 찢은 닭고기가 들어가는 것이 특징이다. 특히 해주 수양산에서 나는 고사리와 서해안에 접한 황해도 특산물인 김을 넣었다. 비빌 때 부족하다 싶은 간은 참기름과 통깨를 섞은 조선간장을 넣어 맞추고 고기 국물을 곁들여 먹었다.

① 조선 후기 문신 최영년이 지은 책으로, 당시 각종 놀이와 명절 풍속 등 다양한 내용을 시 형태로 담았다. 상·중·하로 구성된 시 가운데 중편의 '음식명산飮食名山'에 해주비빔밥, 전주비빔밥, 안동 헛제삿밥 등이 소개되어 있다.

서울의 북한 음식 전문점 '능라밥상'에서 맛볼 수 있는 해주비빔밥.

꽃보다 아리따운 칠보 화반

진주비빔밥

서울의 진주 음식 전문점 '하모'에서 선보이는 진주 육회비빔밥과 쇠고기선짓국.

너른 들판과 낙동강으로 이어지는 물길, 지리산이나 남해 바다와도 가까운 위치 덕분에 경남 진주는 예부터 해산물, 육류, 농산물 할 것 없이 다양한 물산이 풍부한 고장이었다. 조선 시대 관찰사가 상주하는 전국 12목 중 하나로, 중앙에서 내려온 관리나 선비를 위한 연회를 즐겨 열면서 화려한 교방 음식이 발달했다. 진주 교방의 품격 있는 연회 음식을 제대로 보여주는 것 중 하나가 진주비빔밥이다. 여러 가지 나물을 담은 모습이 일곱 가지 보석이 올라 있는 꽃 같다고 해 '칠보 화반七寶花飯'이라 부르기도 했다. 진주비빔밥을 특징짓는 가장 큰 요소는 숙채, 쇠고기육회, 고추장 그리고 곁들여 내는 쇠고기선짓국이다. 여러 가지 제철 채소를 삶아 조선간장과 참기름으로 맛을 낸 숙채를 넣는데, 이때 재료를 잘게 다진다. 그 이유는 한 번에 숟가락으로 뜰 수 있고, 먹을 때 입에 묻지 않으며, 소화도 잘되도록 하기 위한 것. 가히 양반의 체면까지 생각한 사려 깊은 음식이라 할 수 있다. 여기에 연한 쇠고기육회를 얹고 달거나 짜지 않은 고추장에 비빈다. 그리고 꼭 해물보탕이나 쇠고깃국을 곁들인다. 진주가 소싸움의 근원지인 만큼 소 엉덩이의 기름기 없는 부위로 만든 신선한 육회와 각종 소 내장으로 만든 쇠고기선짓국이 빠지지 않는다. 진주비빔밥은 1592년 임진왜란 때 진주성대첩에서 의병과 군, 관, 민 그리고 돌멩이를 나르던 부녀자들에게 식사를 제공하기 위해 생겨났다는 설이 있다. 또 임진왜란 당시 희생당한 기생들의 영혼을 달래기 위해 후배 기생들이 제사 지내는 마음으로 정성을 다해 비빔밥을 만들었고 그것이 지금까지 이어지고 있다는 설도 있다.

해풍 맞고 자란 나물과 해산물의 조화

통영비빔밥

② 조선시대 명장으로 임진왜란 때 삼도수군통제사로 수군을 이끌며 전투마다 승리를 거두어 왜군을 물리치는 데 큰 공을 세웠다. 한국인에게 '성웅聖雄'이라는 칭호로 익숙한데, 각고의 노력으로 수많은 역경과 난관을 이겨낸 대표적 위인으로 칭송받는다.

서울의 통영 음식 전문점 '오통영'에서 맛볼 수 있는 통영 멍게비빔밥.

이순신 장군[②]이 즐긴 음식 중 통영비빔밥이 있다. 남해 청정 해역에서 건져 올린 각종 싱싱한 해산물은 통영비빔밥의 더할 수 없이 좋은 재료다. 비빔밥에 들어가는 재료는 계절에 따라 종류가 달라지는데, 가장 통영다운 색다른 비빔밥을 맛보려면 겨울이라야 한다. 겨울철 양지바른 곳에서 해풍을 맞고 자란 방풍잎, 생미역, 톳나물, 국파래 등 다른 지역과는 확연히 다른 재료가 들어가기 때문이다. 대신 여름에는 박나물, 가지나물, 호박 등을 주로 쓴다. 전통 통영비빔밥의 맛을 지켜오고 있는 현지 비빔밥집에서는 모든 나물을 조개장으로 조물조물 무친다. 조개장은 개조개, 홍합, 바지락 등의 조갯살을 발라 깨끗이 씻은 뒤 잘게 다져 집에서 담근 콩간장과 참기름을 넣고 바특하게 끓인 것. 콩나물, 미나리, 무나물, 고사리, 호박, 가지는 물론 모든 해조류도 조개장과 참기름, 깨소금을 넣어 볶거나 무친다. 여기에는 반드시 두부탕국을 곁들인다. 진한 쌀뜨물을 받아 조개장으로 간을 맞춘 후 홍합, 문어, 바지락을 삶아 잘게 썰어 넣고 다진 쇠고기와, 두부, 참기름을 더해 끓인 두부탕국을 비빔밥에 한두 숟가락 넣어 질척하게 비벼 먹는다. 또 쏨뱅이·가자미·도미·대구·볼락 등 말린 생선을 매콤하게 쪄서 함께 먹는데, 그 어우러짐 또한 일품이다. 요즘에는 멍게나 홍합을 주재료로 하고, 제철 채소를 부재료로 곁들인 통영식 멍게비빔밥이나 홍합비빔밥이 젊은 층의 입맛을 사로잡고 있다.

간장에 비벼 먹는 양반가의 한 상

안동 헛제삿밥

③ 조상의 제사를 받들어 모시는 일.
④ 음력 2월, 5월, 8월, 11월에 가묘家猫에 지내는 제사.

안동의 '까치구멍집'에서 선보이는 안동 헛제삿밥과 탕국.

선비의 고장 경북 안동 종가에서는 집집마다 4대까지 봉사奉祀[3]하는 것은 물론이고 시제時祭[4]까지 합하면 한 해 스무 차례 이상 제사를 지낸다. 헛제삿밥은 제사를 지내고 난 후의 음복 문화를 재현한 것으로, 가짜 제사를 올리고 먹는다 하여 '헛' 자가 붙었다. 유생들이 저녁 늦게까지 글공부를 하다가 출출해진 배를 채우기 위해 제사 음식을 차려놓고 향과 축문을 읽는 헛제사를 지낸 뒤 그 음식을 먹은 데에서 유래한다고 한다. 선비들의 해학적 풍류가 깃든 음식이라 할 수 있다. 헛제삿밥은 고사리, 묵나물(취·곤드레 등의 산나물을 뜯어두었다가 이듬해에 무쳐 먹는 나물), 도라지무침, 무나물, 콩나물, 얼갈이배추나물과 흰밥, 탕국, 각종 산적을 유기에 담아 한 상에 낸다. 헛제삿밥은 나물과 밥을 조선간장에 비벼 먹어야 제맛이다. 나물은 실제 제사상에 올리듯 마늘, 파, 고춧가루 등의 양념을 넣지 않고 참기름과 소금, 깨소금, 간장만으로 무친다. 탕국은 무, 다시마, 문어, 상어, 쇠고기로 육수를 낸 뒤 깍둑썰기한 무와 두부, 쇠고기 등 건지를 넣고 소금으로만 간해 깔끔하다. 굽접시에 하나씩 담아내는 각종 산적과 전유어는 안동 지방 제사 음식의 특징을 잘 보여준다. 내륙 지방이라 해물을 구하기 어려우므로 잘 상하지 않는 상어, 고등어, 동태 등을 소금으로 간해 찌거나 적을 만든다. 배추전, 애호박전, 다시마전, 두부부침, 고등어찜, 데친 오징어(혹은 문어), 상어돔배기, 쇠고기적, 삶은 달걀 등을 하나하나 음미해 보는 재미가 있다. 헛제삿밥을 먹고 나면 불그레한 안동식혜로 마무리해야 한다. 끓이지 않고 발효시킨 안동식혜는 고두밥에 생강의 쌉쌀한 맛, 고춧가루의 매운맛, 엿기름의 단맛, 무의 시원한 맛이 어우러진 안동의 별미다. 헛제삿밥을 배불리 먹은 후 식혜로 소화를 도운 선조들의 지혜에 감탄이 절로 나온다.

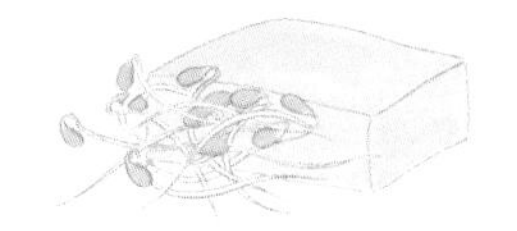

국가 대표 비빔밥

전주비빔밥

무형문화재 김년임 선생이 운영하는 전주'가족회관'의 전주비빔밥.

요즘 한국인은 비빔밥 하면 대부분 전주비빔밥을 떠올린다. 전주비빔밥의 시초는 밥 뜸 들일 때 얹어 뜨거운 김으로 살짝 데친 콩나물과 제철 나물, 육회를 밥에 얹어 비벼 먹던 것이다. 이후 영양의 균형을 맞추기 위해 진화하고, 놋그릇에 신선로처럼 오방색을 갖춰 정갈하게 담은 것이 현재의 전주비빔밥이다. 물맛이 좋고, 인근 임실 지역의 쥐눈이콩으로 키운 콩나물이 많이 생산되었기 때문에 콩나물이 전주비빔밥의 특징으로 자리 잡았다. 고사리, 시금치, 송이버섯, 표고버섯, 숙주나물, 무생채, 애호박볶음, 오이채, 당근채, 파, 쑥갓, 상추, 부추, 호두, 은행, 밤채, 실백, 김 등 계절마다 쓰는 재료가 30여 가지에 달할 정도로 공들인 음식이다. 또 대부분의 전주 지역 비빔밥 전문점에서는 황포묵을 꼭 올리는데 날것, 볶은 것, 데친 것, 따뜻한 것, 찬 것 등 많은 재료가 어우러지면서 생길지도 모르는 문제를 방지하는 역할을 황포묵이 한다. 황포묵 재료인 녹두와 치자가 살균·해독 작용을 하기 때문이다. 마지막에 육회를 넣고 달걀노른자를 올려 찹쌀고추장으로 비비면 대한민국 대표 비빔밥이 완성된다. 요즘 전주비빔밥은 대개 한정식 상차림으로 나온다. 비빔밥을 빼고 흰밥을 놓아도 한정식 차림이 완성될 정도다. 맑은 콩나물국을 곁들여 먹는다.

김년임

비빔밥 무형문화재

전주'가족회관' 창업주이자 전라북도 무형문화재 제39호(전통 음식) 김년임 선생. 어머니 문명식 여사로부터 맛고을 전주의 손맛을 이어받았다. 어릴 적 동네에서 소 잡는 날은 '비빔밥 먹는 날'로 여겨질 정도로 어머니의 비빔밥은 특별했다. 어머니에게서 전수한 비빔밥 요리의 원형에 그만의 창의성을 더해 1979년 전라감영 터에 가족회관을 열었다. 그는 흔한 비빔밥을 하나의 완성된 요리로 변모시키는 데 힘을 쏟았다. 밥 위에 올리는 재료를 궁중 음식인 신선로처럼 오방색으로 배열해 눈으로 먼저 맛을 감상하게 했다. 황(황포묵·콩나물·황백지단·은행), 청(호박·시금치·오이), 백(밥·도라지·더덕·무·밤), 적(당근·쇠고기육회·고추장), 흑(표고버섯·고사리·다시마)을 한 그릇에 담은 것. 이 같은 20여 가지 재료가 올라간 김년임 선생의 비빔밥은 방짜 유기그릇에 담아내며, "비빔밥을 짠다"고 말할 정도로 그릇 안에서 그 맛이 서로 어우러진다. 비빔밥을 상에 내기 전 재료에서 '토도도독' 소리가 날 만큼 그릇을 67℃ 정도로 데워 내는데, 방짜 유기그릇 밑에 스테인리스스틸 받침을 받치는 이유가 바로 이 때문이다. 무엇보다 가족회관의 비빔밥은 쇠머리를 푹 고아낸 육수로 밥을 짓는다. "사골 국물로 밥을 하면 쌀알이 지방으로 코팅돼 윤기가 나고 쫀득쫀득하게 씹히며 밥이 잘 비벼집니다. 채소와 영양의 균형을 맞추려는 의도도 숨어 있지요"라고 설명하는 김년임 선생. "정성이 지극하면 돌에도 풀이 돋는다"라는 말을 좌우명으로 삼아 비빔밥을 고급 요리로 승화시킨 김년임 선생은 2010년 전라북도 무형문화재로 지정되었다.

한 방울의 화룡점정, 참기름과 들기름

글 · 윤덕노(음식 문화 칼럼니스트)

잘 지은 밥, 다양한 채소, 고기를 한데 섞어 비빔밥을 만들 때 꼭 필요한 '윤활유'가 바로 참기름이다.
나물 무침 역시 꼭 필요한 양념이 들기름 또는 참기름이다. 한국 음식에서 참기름과 들기름은 기름이 아니라 맛을 돋우는 향료다.

다양한 한국 요리에서 보편적으로 한식을 마무리 짓는 것, 거창하게 표현하면 한국 음식의 정점을 찍는 맛은 무엇일까? 여러 의견이 있겠지만 대표적인 것으로 참기름과 들기름을 꼽을 수 있겠다. 실제로도 한식의 대부분은 참기름과 들기름으로 마무리한다. 비빔밥을 먹을 때, 나물을 무칠 때, 혹은 국을 끓일 때에도 마지막에 참기름을 한 방울 떨어뜨리거나 들기름으로 무쳐서 밥상에 올리곤 한다. 여기에서 비로소 한국의 맛이 완성된다.

그렇다면 한국의 맛이란 과연 무엇일까? 참기름과 들기름이 왜, 어떻게 한국 음식의 맛을 결정짓는다는 것일까? 한국의 맛은 단연코 융합의 맛이라 할 수 있다. 비빔밥이 보여주는 것처럼 이 재료 저 재료가 섞여 만들어내는 복합적 맛이 한식의 특징이다. 그런 면에서 다른 나라 요리와는 확연히 차별화된다. 예를 들어 유럽이나 중국의 요리는 단색의 맛이다. 한 가지 특징적 맛을 충분히 즐긴 후 다른 맛의 다음 요리로 넘어간다. 그래서 코스 요리가 발달했다. 심지어 맛이 섞이지 않도록 중간중간 와인을 마셔 입안을 정리하기도 한다. 와인의 용도에는 맛의 잔상을 없애 온전히 새로운 맛을 즐기려는 의도도 없지 않다.

하지만 한식은 다르다. 다채로운 맛이 특징으로 이 맛 저 맛 여러 맛이 섞여야 완전한 제맛이 난다. 대표적 음식이 비빔밥이지만 먹기 전 밥상에서 미리 섞어서 먹는 비빔밥은 빙산의 일각일 뿐이다. 한국 음식은 거의 모두가 입 밖에서든 입안에서든 비벼지고 섞이게 되어 있다. 그래서 한 가지 음식 고유의 맛을 강조하는 다른 나라의 코스 요리와 달리 한국 음식은 밥상 위에 밥과 다양한 반찬을 있는 대로 차려놓고 동시에 먹는다. 반찬 하나하나의 맛을 즐기지만 궁극적으로는 모든 맛이 합쳐져 복합적으로 어우러진 융합의 맛을 만들어낸다. 이런 맛의 정점을 이루는 것이 바로 참기름과 들기름이다.

한국의 참기름과 들기름은 기름이되 정확히 말하면 기름이 아니다. 일반적으로 기름은 튀기고 지지고 볶는 데 쓴다. 하지만 한국의 참기름과 들기름은 대부분 조리용이 아니라 맛을 내는 데 쓰는 향료다. 서양 요리에 비유하자면 참기름은 트뤼프 오일, 들기름은 올리브 오일이다. 그중에서도 맛을 낼 때는 엑스

들기름의 재료인 들깨. 늦가을 한국 농부들은 마당 한쪽에 잘 마른 들깨 단을 펼쳐놓고 도리깨로 턴다. 들깨 타작을 끝내야 비로소 한 해 농사의 끝이 보인다.

트라버진extra-vrigin 올리브 오일의 역할을 한다.

참기름과 들기름은 양념이자 향료로서 한국 음식을 마무리하는 재료인 만큼 어떤 면에서는 한식을 먹을 때 가장 먼저 느끼는 맛이다. 여인의 향수처럼 있는 듯 없는 듯, 뿌린 듯 뿌리지 않은 듯 순간적으로 스치는 것처럼 지나치지만 사실은 음식 맛, 나아가 정서적으로 음식의 성격을 결정짓는다. 이 맛 저 맛이 어우러진 융합의 맛에 참기름이 더해지면 한식의 품격은 한 차원 높아진다. 평범한 비빔밥이 참기름 한 방울 덕분에 맛이 달라지고 요리가 고급스러워지는 것이다. 변신의 배경이 단순하게 고소하면서 진하고 향긋한 참기름의 풍미 때문만은 아닌 듯하다. 오히려 맛보다는 한국인의 의식 속에 내재된 정서를 자극하기 때문이 아닐까 싶다. 지금은 참기름이 워낙 흔해진 탓에 고품격 우아함이 덜하지만, 수십 년 전 할머니 세대만 해도 한 방울조차 아까워하며 아껴 먹던 값비싼 향료였다.

참기름은 사실 고대 메소포타미아의 고대국가인 아시리아에서 신이 천지를 창조할 때 에너지를 얻기 위해 마신 음료였고, 옛날 동양에서는 신선이 먹는다는 불로초였으며, 한국의 조선 시대에는 양념이면서 약이었다. 수천 년 동안 동서양에서 특별한 대접을 받은 기름이었으니 지금의 트뤼프 오일보다 훨씬 더 귀했다. 참기름 한 방울에 요리의 품격이 달라지는 이유다.

들기름은 또 다르다. 한국 음식에 들기름이 들어가면 고향의 맛 내지는 어머니의 손맛으로 변한다. 부잣집 요리건 서민의 음식이건 관계없다. 한국인에게 들기름은 향수를 불러일으키는 맛이다. 들기름 향기가 고소하고 구수하며 감칠맛이 나서이기도 하지만, 참기름과 마찬가지로 정서를 자극하기 때문이기도 하다. 지금은 다양한 식용유를 쓰는데, 예전 한국 가정에서는 두부를 부칠 때나 나물을 무칠 때 대부분 들기름을 사용했다. 아시아가 원산지인 들깨는 한국에서 특히 잘 자라는 토속 작물이었기 때문에 지금 한국인이 깻잎에 익숙한 것처럼 들기름에도 익숙했던 것이다.

따라서 같은 비빔밥을 먹어도 마무리로 참기름 한 방울 떨어뜨려 비비는지, 들기름 한 방울 넣어 비비는지에 따라 느낌과 맛이 달라진다. 참기름은 잘 차린 도시 한정식의 비빔밥 맛이, 들기름은 시골 고향 집의 토속적 맛이 느껴진다. 한식의 맛을 참기름과 들기름으로 마무리하는 이유다.

전국의 소문난 비빔밥집

전주비빔밥-가족회관

1979년 전주 구舊시가, 옛 전라감영 터에 문을 열었다. 그릇에 밥을 담고 갖가지 나물을 얹어 고추장으로 비벼 먹는 서민적인 옛날식 전주비빔밥을 품격 있는 신선로 형태로 새롭게 선보인 사람이 가족회관의 창업주 김년임 씨다. 가족회관의 비빔밥은 한 상 차림으로 나오는데, 모든 음식마다 고명을 올린 솜씨가 예사롭지 않다. 떡갈비 위 마늘로 오려낸 하얀 꽃잎, 오이초무침 위 오이를 저며 올린 초록 나뭇잎처럼 진짜 맛과 멋을 아는 이의 솜씨다. 비빔밥 한 상 차림에 오르는 소복한 달걀찜도 별미다.

전북 전주시 완산구 전라감영5길 17

문의 063-284-0982

www.jeonjubibimbap.com

진주비빔밥-하모

진주비빔밥을 내지만, 진주가 아닌 서울 한복판에 자리한 하모. 진주비빔밥을 비롯해 시어머니에게 전수받은 경상남도 서부 지방의 음식, 특히 진주 토속 음식을 재해석해 선보인다. 육회비빔밥, 진주 헛제삿밥, 조선잡채 등이 주메뉴. 매년 파주에서 직접 기른 장단콩으로 장을 담그고, 전국 곳곳의 좋은 식재료를 찾아내는 수고로움을 더한다. 여기에 '과하지 않은 조리법' '과하지 않은 양념'이라는 철학을 더한 것이 하모의 진주비빔밥이다. 다섯 가지 나물과 속데기라 부르는 물김, 육회를 올리고 보탕(포탕)으로 간해 고추장에 비벼 먹는 육회비빔밥 맛이 일품이다. 2017~2019 〈미쉐린 가이드〉에 선정되었다.

서울시 강남구 언주로 819 2층

문의 02-515-4266

www.hamo-kitchen.com

진주비빔밥-천황식당

3대째 90여 년을 이어오는 비빔밥 전문점으로, 문어·홍합·바지락·쇠고기 등을 우려 만든 천연 조미료 '포탕'이 비빔밥 맛의 비결이다. 맛도 맛이지만 일단 집 구경 한번 가보라고 권하고 싶은 식당. 현재 식당은 한국전쟁 이후 원조받은 나무로 지은 1백여 평의 일본식 가옥과 비품들을 처음 모습 그대로 보존했는데, 손자며느리인 김정희 사장이 얼마나 깨끗하게 관리하는지 혀를 내두를 정도다. 널따란 장독대에는 손수 담근 간장, 된장, 고추장이 담겨 있다. 콩나물을 넣은 쇠고기선짓국과 곁들여 나오는 육회비빔밥, 석쇠에 바로 구워주는 불고기가 대표 메뉴.

경남 진주시 촉석로207번길 3

문의 055-741-2646

안동 헛제삿밥-까치구멍집

창업주 손차행 씨의 며느리 서정애 씨가 대를 이어 운영하는 곳으로, 상어고기, 문어, 쇠고기산적, 각종 전, 막탕(어탕·육탕·채탕의 삼탕을 같이 섞은 탕) 등 안동 지역의 제사상에 자주 오르던 특별한 음식을 한 상으로 즐길 수 있다. 특히 간고등어와 상어가 들어간 산적은 쉽게 접할 수 없는 음식이다. 고춧가루를 거의 쓰지 않아 담백한 맛이 특징. 디저트로 고춧가루와 생강의 매콤한 맛이 개운한 안동식혜가 나온다. 까치구멍집은 안방, 사랑방, 부엌, 마루, 봉당 등이 한 채에 딸려 있고 양쪽으로 통하는 '양통집'의 별칭으로, 안동 지방 특유의 가옥 형태에서 따온 말이다. 안동댐 월영교 바로 앞에 위치한다.

경북 안동시 석주로 203

문의 054-855-1056

해주비빔밥-능라밥상

북한전통음식문화연구원에서 만든 북한 음식 전문 식당. 새터민 출신 여성 박사 1호로 이화여자대학교에서 식품영양학 박사 학위를 받은 이애란 원장이 운영한다. 서해 바다 김을 얹고 고추장 대신 간장으로 간하는 해주비빔밥, 평양 4대 음식으로 꼽히던 쇠고기와 고추장 조합의 평양비빔밥 등을 맛볼 수 있다. 비빔밥뿐 아니라 평양온반, 평양냉면, 개성무찜, 감자만두 등 한국인에게 생소한 메뉴도 함께 선보인다. 기방 문화가 발달해 단품 요리가 많은 평양, 고추와 마늘로 만든 다대기를 많이 쓰는 함경도 등의 대표 음식을 맛볼 수 있는 몇 안 되는 집. 조미료 없이 심심한 평안도와 함경도 맛을 되살리고 알리는 데 힘쓰고 있다.

서울시 종로구 돈화문로5길 42 경산빌딩

문의 02-747-9907

통영비빔밥-오통영

서울에서 만나는 통영 음식 전문점으로, 해산물을 기본으로 한 '가정식 식당'을 지향한다. 오통영의 멍게비빔밥은 통영 현지 식당의 것과는 조금 다른데, 잘 지은 밥 위에 양념에 버무린 멍게와 어린 채소잎, 맨김을 올려 낸다. 멍게는 매년 4~5월 통영수협에서 대량 구입해 얼려 한 해 동안 쓰는데, 철 지난 생멍게보다 제철에 얼린 멍게가 향과 식감이 좋다고. 멍게를 간할 때 조선간장, 천일염을 넣고 마지막에 생꿀을 떨어뜨리는 것이 이 집만의 비법. 염도가 낮아도 꿀이 방부제 역할을 대신 해준다. 양념한 멍게를 다시 얼리지 않는 대신 여러 번 숙성하는 것도 깊은 비빔밥 맛의 비결. 전복무쇠솥밥도 이 집의 대표 요리다. 전국을 찾아다닌 끝에 최고의 전복 산지로 꼽은 흑산도산 전복이 주재료다. 단일 품종의 쌀에 멸치, 다시마, 채소 등을 넣은 육수로 밥을 짓는다. 〈수요미식회〉에 소개되면서 유명해졌고, 〈미쉐린 가이드〉에도 수록되었다.

서울시 강남구 선릉로158길 10

문의 02-544-2377

통영비빔밥-산양식당

해풍 맞고 자란 방풍나물, 생미역, 톳나물, 국파래 등 통영의 향기 가득한 재료로 만든 전통 통영비빔밥을 맛볼 수 있는 곳. 여름에는 박나물, 가지나물, 호박 등을 주로 쓴다. 콩나물, 무, 호박 등 서너 가지 재료는 기본으로 들어간다. 모든 나물을 개조개, 홍합, 바지락 등의 살을 발라 조선간장과 참기름을 넣고 바특하게 끓인 조개장으로 조몰락조몰락 무친다. '70년 전통의 음식 명가'라는 별칭이 늘 붙는 산양식당은 통영 토박이들이 즐겨 찾는 집이다. 시고모와 시어머니를 이어 지금은 며느리 허순채 씨가 큰딸과 함께 운영한다. 쇠머리곰탕으로도 유명한데, 비빔밥을 주문하면 진한 곰탕 한 사발과 매콤하게 조린 말린 생선, 방아 향이 나는 부침개를 함께 내준다. 60년도 넘은 단골이 있을 정도로 저력 있는 노포다.

경남 통영시 강구안길 29

문의 055-645-2152

싸고
비벼 만든
일상 한식

밥을 짓기 전에

불린 쌀은 맑은 물이 나올 때까지 씻은 후
쌀 분량의 두 배가량 물을 부어 30분 불린 후 소쿠리에
밭친 것이다. 밥 지을 때 사용하는 냄비는
몸체가 두껍고 뚜껑이 무거워서 김이 새어나가지 않고
압력 효과를 볼 수 있는 것이 좋다.
밥을 짓는 동안 되도록 뚜껑은 열지 않아야 하며,
물을 정확히 계량하고, 표면을 평평하게 해 내용물이
물에 잠기도록 한다.

밥 지을 때 불 조절하는 방법

1단계 센 불
2단계 물이 넘치기 시작하면 중간 불로 줄여서 10~15분
3단계 타닥타닥 소리가 나면 약한 불로 줄여서 5분
4단계 최대한 약한 불 또는 불을 끈 상태로
5분간 뜸 들이기
밥 짓는 물의 분량은 쌀을 불린 시간이나 쌀 종류,
열원, 밥 짓는 솥이나 불의 세기 등에 따라 차이가 난다.
뜸 들이기가 끝나고 밥이 완성되면 바로 뚜껑을 열고
위아래, 그리고 전체를 가볍게 섞어주어야 한다.
그대로 두면 한 덩어리로 굳어진다.
모든 밥 종류는 돌솥이나 주물솥 등을 사용해 즉석에서
밥을 지을 수 있다.

*1컵=200cc=200ml, 1T=15cc=15ml, 1큰술 1t=5cc=5ml,
1작은술

보리밥

준비하기

재료

쌀 2컵, 보리 ½컵, 물 1½컵

만드는 법

❶ 쌀은 30분간 불려 체에 밭쳐놓고, 보리는 2시간 동안 불린다.

❷ 냄비에 ①의 쌀과 보리를 담고 분량의 물을 부은 후 중간 불에서 끓기 시작하면 약한 불로 13분, 불 끄고 5분간 뜸을 들인다.

❸ 완성되면 위아래 고루 섞는다.

보리만으로 짓거나 쌀과 보리를 섞어 짓는 밥은 흰쌀밥보다 뜸을 오래 들여야 보리가 푹 퍼져 밥맛도 좋아지고, 소화도 잘된다. 보리밥을 지을 때는 쌀보리(쌀알이 크고 껍질이 잘 벗겨지는 종)나 찰보리(찹쌀처럼 찰기 있는 종)가 좋고, 여름철에 보리쌀로만 지은 꽁보리밥은 늘보리(겉보리에서 겨를 제거한 것)가 좋다. 쌀밥보다 비타민 $B_1 \cdot B_2$ 함량이 높아 각기병 예방에 도움이 되고, 섬유질이 많아 변비에도 효과적이다. 한국인은 아직도 보리밥에 열무김치와 고추장을 넣어 비비거나, 강된장을 넣어 비벼 먹는 것을 별미로 여긴다. 햇보리밥의 누룽지를 끓여 만든 숭늉도 그야말로 일품이다.

오곡밥

준비하기

재료

불린 쌀 ½컵, 불린 찹쌀 ½컵, 보리 1T, 수수 1T, 서리태 1T, 조 1T, 물 1½컵

만드는 법

❶ 보리와 수수는 각각 세게 문질러 씻어서 3시간 이상 불리고, 서리태는 씻어서 하룻밤 불린다.

❷ 조는 씻어서 30분 정도 불린다.

❸ 불린 곡식들을 모두 섞어 냄비나 솥에 담고, 분량의 물을 부어 뚜껑을 덮은 후 센 불에서 끓인다.

❹ 뚜껑 사이로 물이 끓어넘치기 시작하면 바로 중간 불로 줄여 물이 넘치지 않도록 한다. 되도록 뚜껑을 열지 않는 것이 좋으나 물이 많이 넘치면 살짝 열었다가 바로 닫는다.

❺ 불을 줄인 후 약 10~15분 지나면서 타닥타닥 소리가 나면 한 번 더 불을 줄여서 10분 정도 익힌 후, 가장 낮은 단계의 불에서 5분 정도 뜸을 들이고 불을 끈다.

❻ 불을 끄고 5분 뒤 뚜껑을 열고 주걱으로 위아래 그리고 전체를 고르게 섞어준 후 그릇에 담는다.

다섯 가지 잡곡을 섞어 지은 오곡밥은 전통적으로 그해의 곡식 농사가 잘되기를 기원하는 마음을 담아 만든 정월 대보름 절식이다. 요즘에도 쌀로만 지은 밥보다 더욱 균형 있는 영양소를 섭취하기 좋은 건강 별식으로 즐겨 먹는다. 쌀과 함께 식이섬유를 함유한 보리, 장 건강에 이로운 슈퍼 곡물인 수수, 혈당 상승을 억제해주는 조, 비만과 노화 방지에 탁월한 검은콩인 서리태 등을 넣어 오곡밥을 지었다.

완두콩밥

준비하기

재료

쌀 2컵, 완두콩 ½컵, 물 2컵, 소금 1g

만드는 법

❶ 쌀은 씻어서 30분간 불려 체에 밭쳐 물기를 뺀다.

❷ 완두콩은 씻어둔다.

❸ 냄비에 ①의 쌀을 담고 ②의 완두콩과 분량의 물, 소금을 넣고 섞는다.

❹ 중간 불에서 끓기 시작하면 약한 불로 줄여 13분간 더 끓인 뒤 불을 끄고 5분간 뜸을 들인다.

❺ 완성되면 위아래를 고루 섞는다.

동글동글한 연녹색 콩이 흰쌀밥 사이로 콕콕 박혀 풋풋한 밥맛을 맛볼 수 있는 완두콩밥은 콩을 별로 좋아하지 않는 어린아이도 별 투정 없이 먹곤 한다. 완두콩은 콩류 중 식이섬유가 가장 풍부하게 들어 있어 영양을 보충하기에 좋고, 밥을 지으면 완두콩의 고소한 풍미가 밥알 사이사이에 퍼져 어우러진다.

팥밥

준비하기

재료

불린 쌀 1컵, 팥 ½컵, 팥 삶는 물 3컵,
밥물 1컵(팥 삶은 물)

만드는 법

❶ 팥은 씻어서 냄비에 담고 잠기도록 물을 부어 끓인다. 5분 정도 끓으면 건져내고 삶은 물은 버린다.

❷ 냄비에 다시 ①의 팥을 담고 분량의 물을 부어 팥 껍질이 벌어질 때까지 익힌 다음 체에 밭치고, 팥 삶은 물은 버리지 말고 식힌다.

❸ 밥솥(냄비)에 불린 쌀과 ②의 팥을 섞어 담는다. ②의 팥 삶은 물을 1컵 붓고 쌀 표면을 평평하게 만든 후, 뚜껑을 덮고 네 단계 불 조절 방법에 따라 밥을 짓는다.

❹ 뜸 들이기가 끝난 후 뚜껑을 열고 위아래를 고루 섞어 그릇에 담는다.

나트륨을 배출해 부종을 완화하는 칼륨이 풍부한 팥을 넣어 지은 밥은 백미보다 혈당 지수가 낮아 다이어트는 물론, 당뇨 식단에도 적합하다. 팥은 삶아야 독성이 없어지고, 체내 흡수력 또한 높아져 소화가 잘되기 때문에 잘 익힌 다음 삶은 팥물도 함께 넣어 밥을 짓는다. 콩보다 부드럽게 씹히고 특유의 은은한 단맛이 배어난다.

감자밥

준비하기

재료

쌀 2컵, 감자 2개(200g), 물 2컵

만드는 법

❶ 쌀은 씻어서 30분간 불린 후 체에 밭쳐 물기를 뺀다.

❷ 감자는 껍질을 벗긴 후 4~6등분으로 썬다.

❸ 냄비에 ①의 쌀과 ②의 감자를 차례로 담은 후 분량의 물을 부어 중간 불에서 끓인다.

❹ ③이 끓기 시작하면 약한 불에서 13분간 더 끓인 뒤 불을 끄고 5분간 뜸을 들인다.

❺ 완성되면 위아래를 고루 섞는다.

조림이나 볶음 등 다양한 형태의 밑반찬으로 흔히 먹는 감자는 그냥 쪄서 먹어도 포슬포슬하니 맛있지만, 밥에 넣어 지으면 감자의 주성분인 탄수화물·단백질·비타민 등의 영양 흡수율이 높아지는 장점이 있다. 너무 잘게 썰면 밥을 지을 때 뭉개질 수 있으니 두툼하게 썰어 넣는 것이 좋다. 취향에 따라 간장과 참기름을 곁들여 먹는다.

전복밥

준비하기

재료

쌀 2컵, 전복 2개, 물 2컵, 들기름 1T, 소금 한 꼬집

만드는 법

❶ 쌀은 씻어서 30분간 불린 후 냄비에 담고, 분량의 물을 붓는다.

❷ 전복은 손질해서 칼집을 내 ①의 쌀 위에 올리고, 소금을 뿌려 간한 후 들기름을 두른다.

❸ 네 단계 불 조절 방법에 따라 밥을 짓는다.

❹ 완성되면 위아래를 고루 섞는다.

전복은 맛이 달고 자양 강장과 원기 회복에도 좋아 영양밥 재료로 그만이다. 특히 여름철 더위에 지쳐 기력이 떨어질 때 전복을 넣어 밥을 지으면 입맛도 살리고 기운도 북돋울 수 있다. 고소한 맛과 식감이 통통한 전복과 어우러진 밥에 들기름과 소금으로 조미해 마무리하면 고급스러운 풍미가 가득해진다.

시래기밥

준비하기

재료

불린 쌀 1컵, 말린 시래기 3줄기, 참기름 1T, 조선간장 1T, 물 1컵, 포도씨유 약간

만드는 법

❶ 말린 시래기는 따뜻한 물에 2~3시간 불린 후 씻어서 냄비에 담고, 물을 잠기도록 부어 부드러워질 때까지 푹 삶은 후 그 상태로 식힌다.

❷ 시래기는 건져 세 번 이상 씻고 줄기 부분의 얇은 막을 벗겨낸 다음 2cm 정도 길이로 자른다.

❸ 밥솥(냄비)에 참기름과 포도씨유를 두르고 ②의 시래기를 볶다가 조선간장을 넣고 수분이 없어지도록 볶는다.

❹ ③에 불린 쌀을 넣고 분량의 물을 부은 후 뚜껑을 덮고 네 단계 불 조절 방법에 따라 밥을 짓는다.

❺ 뜸을 들인 후 밥주걱으로 고루 섞어서 그릇에 담는다.

겨우내 말린 시래기를 삶아 양념한 후 지은 밥으로, 경기도와 충청북도 지역에서 즐겨 먹는 음식. 경기도식 시래기밥은 시래기를 양념해 밥을 짓고, 충청도식은 양념 없이 시래기만 넣어 밥을 지은 후 양념간장이나 된장에 비벼 먹는다. 시래기에 비타민·철분·칼슘이 풍부하게 함유되어 성장기 어린이, 빈혈이 있는 여성, 골다공증이 염려되는 성인에게 이로운 음식이다. 식이섬유가 풍부해 변비 예방에도 도움이 된다.

죽순밥

준비하기

재료

불린 쌀 1컵, 죽순 10cm 길이 1줄기, 닭 다릿살 100g, 소금 1g, 조선간장 1T, 참기름 1t, 포도씨유 1t, 물 1컵, 후춧가루 약간

만드는 법

❶ 죽순은 끓는 물에 약 5분간 삶은 후 3cm 길이로 썬다(채취한 생죽순일 경우 1시간 30분~2시간가량 삶아야 한다).

❷ 닭 다릿살(또는 닭 가슴살)은 껍질을 벗기고 2cm 크기로 썰어 소금, 조선간장 ½T, 후춧가루로 양념한다.

❸ 내열 도기 솥에 참기름과 포도씨유를 두르고 죽순을 볶다가 조선간장 ½T으로 간한 다음 ②의 닭살을 넣고 볶는다.

❹ ③에 불린 쌀을 넣고 분량의 물을 부어 뚜껑을 닫은 후 네 단계 불 조절 방법에 따라 밥을 짓는다.

❺ 뜸 들이기를 한 후 밥솥 그대로 테이블에 올리고, 뚜껑을 열어서 위아래를 고루 섞어 개인용 그릇에 덜어 먹는다.

추운 겨울을 견디고 올라와 봄에 가장 맛있는 죽순은 아삭한 식감에 강하지 않은 은은한 맛을 지녀 다른 재료의 맛을 해치지 않으면서 잘 어우러진다. 섬유질이 다량 함유된 알칼리성식품으로, 닭 다릿살이나 닭 가슴살을 함께 넣고 밥을 지으면 좋은 궁합을 이루면서 기운이 허해지는 여름철에 훌륭한 보양식이 된다.

흑미솥밥

준비하기

재료

불린 쌀 1컵, 흑미 1T, 물 1컵

만드는 법

❶ 흑미는 씻어서 작은 냄비에 담고 물을 부어 중간 불에서 10분가량 끓인 후 식힌다.

❷ 주물 냄비에 불린 쌀과 ①의 흑미를 섞어 담고 분량의 물을 부어 네 단계 불 조절 방법에 따라 밥을 지은 후 골고루 섞어 그릇에 담는다. 이때 주물 냄비는 열전도율이 높고 압력 효과가 있어 시간이 단축되므로 주의를 기울여 불을 조절하도록 한다.

영양소가 풍부해 '검은 진주'라고 부를 정도로 효능이 우수한 흑미는 항산화·항암 효과가 있다. 단백질과 비타민 B·칼슘·철분 등이 풍부하고, 빈혈과 심혈관 등의 질병·노화 방지와 변비 예방에도 좋은 으뜸 쌀이다. 백미와 1:1 비율로 섞어 밥을 지으면 구수한 밥맛이 일품. 열전도율이 좋은 주물 냄비에 넣고 지으면 더 따끈하고 차진 흑미밥이 완성된다.

콩비지밥

준비하기

재료

불린 쌀 1컵, 불린 흰콩 ½컵, 돼지고기 50g, 신 김치 3장, 쪽파 2줄기, 참기름 1t, 물 1⁹⁄₁₀컵

만드는 법

❶ 불린 흰콩은 껍질을 벗긴 후 블렌더에 담고 물 1컵을 부어 간다.

❷ 신 김치는 깨끗이 씻어서 2cm 크기로 썰고, 돼지고기는 김치와 같은 크기로 얇게 썬다.

❸ 밥솥(냄비)에 참기름을 두르고 돼지고기를 볶다가 김치를 넣어 함께 볶은 후 불린 쌀을 넣고 물 ⁹⁄₁₀컵을 부어 끓인다.

❹ 센 불에서 끓어오르면 중간 불로 줄여 약 15분간 익히고, 밥뚜껑을 열어 ①의 콩 간 것을 위에 살포시 얹어 뚜껑을 닫는다. 약 7분 정도 익히다가 불을 끄고 뚜껑을 닫은 상태로 5분가량 두었다가 뚜껑을 열고 0.5cm 길이로 썬 쪽파를 넣어 고루 섞는다.

❺ 양념장을 곁들여 낸다.

콩비지는 두부를 만들 때 콩물을 짜고 남은 건더기를 이르는데, 특유의 풍미가 있어 주로 찌개로 조리해 먹곤 한다. 이 콩비지를 넣어 지은 밥은 콩의 단백질과 비지에 들어 있는 섬유질을 보충해주고, 간염이나 당뇨 등 질환으로 심하게 피로를 느끼는 사람에게도 이로운 별식이 된다. 비지찌개를 끓일 때처럼 돼지고기와 신 김치를 함께 넣으면 비지와 잘 어우러지면서 구수하고 맛이 좋다.

굴밥

준비하기

재료

불린 쌀 1컵, 굴 100g, 참기름 1t, 다진 마늘 1t, 레몬즙 ½t, 소금 ½t, 물 ⅛컵

만드는 법

❶ 굴은 소금을 넣고 살살 비빈 후 물에 담가 흔들어 씻어 체에 건져 물기를 뺀다.

❷ 밥솥(냄비)에 참기름을 두르고 다진 마늘을 볶다가 ①의 굴을 넣어 볶는다. 이때 레몬즙을 넣어 비린 맛을 없앤다.

❸ 익힌 굴은 꺼내고 굴 볶은 솥에 불린 쌀과 분량의 물을 넣고 센 불에서 끓이다가 중간 불로 줄인다. ②의 굴을 얹어 약한 불에서 5분, 뜸 들이기 5분 후에 고루 섞어서 그릇에 담아낸다.

❹ 양념장을 곁들여 내도 좋다.

굴에는 타우린과 아연, 비타민, 칼슘 등이 풍부하게 들어 있어 쌀밥에 없는 우수한 영양가를 모두 챙길 수 있다. 소화가 잘되고 성인병 예방에도 효과가 있다. 밥을 짓기 전 다진 마늘과 참기름을 넣어 한번 볶아내는데, 이때 레몬즙을 넣어 비릿한 맛을 없애주는 것이 좋다. 간장과 고춧가루, 다진 마늘, 쪽파, 참기름 등을 섞어 양념장을 만들어 쓱쓱 비비면 감칠맛을 더할 수 있다.

죽을 쑤기 전에

① 불린 쌀 : 죽을 쑤기 위한 쌀은 맑은 물이 나올 때까지 씻어서
쌀 분량의 두세 배 물에 3시간 이상 불린 후 사용한다.
물의 온도에 따라 불리는 시간이 다르며, 미지근한 물에
불리면 시간이 단축된다. 쌀을 불린 시간에 따라 죽을 쑬 때
사용하는 물의 양과 끓이는 시간이 달라진다(쌀의 종류는
쇼트 그레인Short Grain이다).
② 용기는 바닥이 두꺼운 냄비가 좋고,
저을 때는 나무 주걱을 사용한다.
③ 죽을 저을 때는 빠르게 휘젓지 말고 눌어붙지 않도록
천천히 바닥을 긁어주는 정도로 젓는다.
④ 간을 볼 때는 침이 닿지 않아야 한다.
⑤ 간장이나 소금으로 간할 때는 쌀이 모두 퍼진 후
(20~30분 정도)에 넣는다.
⑥ 죽을 처음 끓이기 시작할 때는 센 불, 끓어오르면 중간 불,
쌀알이 충분히 퍼지면 약한 불로 조절한다.
⑦ 시간이 지나면 죽의 농도가 되지고 간이 싱거워지므로
먹기 전에 확인하도록 한다.

쇠고기죽

준비하기

재료

불린 쌀 ½컵, 다진 우둔살 30g, 참기름 1T, 다진 마늘 1t, 조선간장 1T, 소금 ½t, 쪽파 20cm, 후춧가루 약간(기호에 따라 첨가), 물 3~4컵

만드는 법

❶ 다진 우둔살은 종이 타월로 감싸 핏물을 제거한다.

❷ 냄비를 달구고 참기름을 두른 후 다진 마늘과 ①의 쇠고기를 넣고 볶는다. 고기가 뭉쳐서 덩어리가 지지 않도록 으깨어 풀어 헤친다.

❸ 고기의 붉은색이 없어지면 불린 쌀을 넣고 쌀알이 투명해질 때까지 볶는다.

❹ ③에 분량의 물을 붓고 나무 주걱으로 냄비 바닥을 긁으면서 끓이되 거품이 생기면 걷어낸다.

❺ 중간 불에서 15~20분 정도 끓인 후 조선간장과 소금으로 간을 맞추고, 쪽파를 0.5cm 길이로 썰어 섞는다.

❻ 약 5분 후에 간을 확인하고 그릇에 담아낸다. 개인 기호에 따라 후춧가루를 넣어도 좋다.

쇠고기죽은 지방이 적고 살코기가 많은 부위인 우둔살을 사용하면 담백한 맛을 내기 좋다. 다진 쇠고기에 참기름을 넣고 볶다가 불린 쌀을 넣어 한 번 더 볶은 후 끓여야 쌀알과 함께 잘 풀어진다. 입안이 깔깔하고 속이 허할 때 부담 없으면서 든든하게 먹기 제격이다.

전복죽

준비하기

재료

찹쌀 ½컵, 전복 2개, 참기름 2T, 소금 약간, 물 3~4컵

만드는 법

❶ 찹쌀은 물을 서너 번 바꿔가며 깨끗이 씻은 후 물에 담가 30분 이상 불린다.

❷ 전복은 솔로 문질러 깨끗이 씻고, 숟가락을 이용해 껍질에서 분리한다. 내장과 몸통, 입도 떼어 분리한다.

❸ 내장은 분량의 물을 부은 후 체에 내린다. 내장 푼 물은 버리지 않고 챙겨둔다.

❹ 전복은 5mm 두께로 슬라이스한다.

❺ 달군 팬에 참기름을 두르고 ①의 찹쌀을 볶다가 ③의 내장 푼 물을 부어 눋지 않도록 나무 주걱으로 저어가며 끓인다.

❻ 찹쌀이 거의 익을 무렵 ④의 전복을 넣고 끓이다가 마지막에 소금으로 간한다.

얇게 저민 전복을 불린 쌀과 함께 쑨 별미 죽. 전복 내장을 함께 넣으면 녹둣빛이 나고 쌉쌀한 맛과 향이 그윽하다. 예부터 임금에게 진상하던 귀한 식재료인 전복을 넣어 아직도 많은 이가 대표 보양식으로 생각한다. 8월부터 10월 사이에 채취한 전복이 가장 통통하고 맛있다.

표고버섯죽

준비하기

재료

불린 쌀 ½컵, 표고버섯 2~3개, 참기름 1T, 조선간장 1T, 소금 ½t, 물 3~4컵

만드는 법

❶ 표고버섯은 기둥을 떼고 젖은 종이 타월로 닦은 후 2mm 두께로 얇게 썬다.

❷ 떼어낸 기둥은 뿌리 끝을 잘라버리고 씻어서 쌀알 크기로 잘게 썬다.

❸ 냄비를 달구어서 참기름을 두르고 불린 쌀과 ②의 표고버섯 기둥 다진 것을 넣고 볶다가 ①의 표고버섯을 넣어 3~4분가량 볶는다.

❹ 쌀알이 투명해지면 분량의 물을 붓고 나무 주걱으로 냄비 바닥을 긁으면서 끓인다.

❺ 끓어오르면 중간 불로 줄이고 거품을 걷어내며 천천히 저으면서 끓인다. 15~20분 후에 쌀알이 퍼지면 조선간장과 소금으로 간을 맞추고, 5분 후에 간을 확인한 후 그릇에 담아낸다.

느타릿과에 속하는 표고버섯은 맛과 향이 좋아 얇게 썰어 죽을 끓여도 특유의 풍미가 우러난다. 표고버섯에는 콜레스테롤을 감소시켜 혈액순환을 원활하게 하고, 당뇨병과 고혈압 개선, 장기를 튼튼하게 하는 영양 성분이 들어 있어 아픈 몸의 치료와 질병 예방에도 도움을 준다.

호박죽

준비하기

재료

마른 찹쌀가루 ½컵, 단호박 300g, 마른 강낭콩 30g(소금 1g, 설탕 5g), 소금 1t, 설탕 2T, 물 3컵

만드는 법

❶ 단호박은 잘라서 가운데 부분의 씨를 제거한다.

❷ 찜통에 김이 오르면 ①의 단호박을 넣고 약 10분간 찐 후, 숟가락으로 속살을 떠낸다.

❸ 찹쌀가루는 찬물에 풀어 30분 이상 불린다(멥쌀가루를 사용해도 좋다).

❹ 마른 강낭콩은 푹 익을 때까지 삶아 분량의 소금, 설탕을 넣는다.

❺ 냄비에 ②의 단호박을 잘게 자르거나 으깨어 담고, 분량의 물을 부어 끓인다. 단호박이 완전히 익으면 ③의 찹쌀가루 푼 물을 조금씩 부어 넣는다. 이때 나무 주걱을 이용해 빠른 속도로 휘저어 덩어리가 생기지 않게 한다.

❻ 불을 약하게 줄여 10분가량 주걱으로 저으면서 끓이다가 ④의 강낭콩을 넣고 소금과 설탕으로 간을 맞춘 후 1분 정도 끓여 완성한다(끓일 때 설탕을 넣지 않고 불을 끈 후 기호에 맞게 꿀을 넣어도 좋다).

*호박이 끓으면서 튀어 오르기 때문에 불을 매우 약하게 조절하고, 저을 때 주의한다.

호박죽은 보통 늙은 호박을 많이 쓰지만 단호박을 사용해도 좋다. 좀 더 불그스름한 주황빛이 도는 빛깔에 달짝지근하고 부드러운 맛으로 전식은 물론, 후식이나 요깃거리로도 즐기기 좋은 별미가 된다. 체내에 흡수되면 비타민 A로 변하는 카로틴이 다량 들어 있고, 노화를 예방하는 비타민과 무기질, 변비를 예방하는 식이섬유도 많다. 강낭콩을 넣으면 달콤하고 고소하면서 씹히는 맛도 배가된다. 소화를 돕고 식욕과 기운을 북돋워 성장기 어린이와 체질이 허약한 이에게도 좋은 영양식이다.

호두죽

준비하기

재료
불린 쌀 ½컵, 호두 50g, 소금 1~2g, 물 3컵

만드는 법

❶ 냄비에 호두가 잠길 만큼 물을 붓고 끓으면 호두를 넣어 2분가량 삶아 떫은맛을 제거한다. 꺼내어 찬물로 씻은 후 체에 건져둔다.

❷ 블렌더에 ①의 호두와 불린 쌀, 물 1컵을 넣고 최대한 곱게 갈아 고운체로 거른다.

❸ 냄비에 물 2컵을 붓고 끓이다가 ②를 조금씩 부으면서 나무 주걱으로 냄비 바닥을 긁어 눋지 않도록 한다. 이때 나무 주걱으로 빠르게 저어야 덩어리가 생기지 않는다. 덩어리가 생겨도 20분가량 약한 불에서 계속 저으면서 끓이면 풀린다.

❹ 3분가량 최대한 약한 불에서 끓여 불을 끈 후, 소금으로 간을 맞춰 3분 후에 그릇에 담아낸다.

양질의 지방이 많은 견과류 중 하나인 호두는 적당한 열량을 섭취할 수 있고, 소화가 잘되도록 도와 보양 음식으로도 손색없다. 불린 쌀과 호두를 함께 넣고 곱게 갈아 끓이면 고소하면서 담백한 맛을 부드럽게 즐길 수 있다.

팥죽

준비하기

재료

불린 쌀 1T, 마른 찹쌀가루 ½컵, 팥 ½컵, 소금 1g, 물 4컵(1차 삶는 물 1컵, 2차 삶는 물 3컵), 찬물 ¼컵, 끓는 물 2T

만드는 법

❶ 팥은 씻어 냄비에 담고 물을 1컵 부은 후 5분 정도 끓여서 체에 밭치고 물은 버린다.

❷ 냄비에 물 3컵과 ①의 팥을 넣고 완전히 무를 때까지 삶은 다음, 식으면 손으로 주물러 으깬 후 껍질만 남을 때까지 체에 거른다.

❸ ②를 2~3시간 방치하면 팥의 앙금이 가라앉는다.

❹ 마른 찹쌀가루에 찬물 ¼컵과 소금을 넣고 버무려두었다가 30분 후에 끓는 물을 조금씩 넣으며 손으로 주물러 반죽한다. 5분가량 계속 주무르면 탄력이 생긴다. 포도알 크기만큼 떼어 손바닥에 놓고 둥글게 빚는다.

❺ 냄비에 ③의 위쪽에 있는 맑은 물만 따라 붓고 앙금은 남겨둔다. 맑은 팥물을 불에 올려 끓으면 불린 쌀을 넣고 10분 정도 끓이다가 ③의 남겨둔 팥 앙금을 넣고 눋지 않도록 나무 주걱으로 냄비 바닥을 긁으며 젓는다. 끓기 시작하면 ④의 경단을 넣고 떠오를 때까지 약 10분 정도 끓인다. 이때 바닥에 눋거나 타기 쉬우므로 중간 불이나 약한 불로 조절하고, 계속 냄비 바닥을 긁으며 저어야 한다.

❻ 경단이 위로 떠오르면 소금으로 간을 하고 불을 끈 다음 약 5분 후 그릇에 담아낸다.

예부터 매년 12월 22~23일경이면 돌아오는 동짓날엔 음이 극에 달하는 절기라 음성인 귀신과 액운을 쫓기 위해 양을 상징하는 붉은 팥죽을 먹는 풍습이 있었다. 그러나 토속신앙의 의미가 아니더라도 팥죽은 몸속 나쁜 기운을 배출하고 영양을 배가해주는 음식이다. 단백질은 물론 한국인의 주식인 쌀에 거의 들어 있지 않은 비타민 B_1이 풍부해 탄수화물 대사를 돕고, 피로를 풀어주며, 겨울에는 몸을 따뜻하게 해준다.

다시마쌈밥

준비하기

재료

밥 150g, 염장 다시마 50cm, 소금 1g, 참기름 2t

초고추장

고추장 50g, 식초 1T, 설탕 1t, 생강즙 1t, 소금 약간

만드는 법

❶ 염장 다시마는 소금을 털어내고 물로 씻은 후 찬물에 30분간 담가 짠맛을 뺀다.

❷ 뜨거운 밥에 소금과 참기름을 넣어 가볍게 비빈 다음 30g씩 밥을 뭉친다.

❸ 분량의 재료를 섞어 초고추장을 만든다.

❹ ①의 다시마를 적당한 길이로 썰어 ②의 밥을 감싸고, ③의 초고추장을 얹는다.

콜레스테롤 저하와 혈액순환을 원활하게 하는 다시마에 밥을 올려 감싼 쌈은 포만감이 높은 저칼로리 메뉴. 생채소와는 다른 몰캉한 식감과 신선한 바다 내음이 입안 가득 퍼진다. 초고추장과 통깨를 솔솔 뿌리면 특유의 비릿함을 잡아주며 좋은 궁합을 이룬다.

깻잎쌈밥

준비하기

재료

밥 150g, 깻잎 5장, , 소금 1g, 참기름 2t

양념간장

간장 1T, 물 1t, 설탕 ½t, 깨 ½t, 다진 파 2t, 들기름 1t

만드는 법

❶ 깻잎은 깨끗이 씻어 물기를 뺀다.

❷ 분량의 재료를 섞어 양념간장을 만들어 ①의 깻잎 위에 바른다.

❸ 다른 깻잎을 ② 위에 놓고 양념간장 바르기를 반복한 뒤 30분가량 재운다.

❹ 뜨거운 밥에 소금과 참기름을 넣고 고루 섞은 후 30g씩 뭉친다.

❺ ③의 깻잎으로 ④의 밥을 말아 감싼다.

❻ 양념간장의 건더기를 고명으로 올린다.

깻잎은 이파리가 넓어 쌈 싸 먹기에 안성맞춤이다. 생채소를 그대로 사용해 특유의 알싸한 향을 즐기는 것이 일반적이지만, 다진 마늘과 고추 등을 넣은 양념간장을 바른 후 밥을 올려 한 입 크기로 돌돌 말면 달큼 짭조름한 감칠맛을 더할 수 있다.

양배추쌈밥

준비하기

재료

밥 150g, 양배추잎 5장, 부추 5줄기, 소금 1g, 참기름 2t

양념된장

된장 30g, 꿀 ½t, 다진 양파 1T, 참기름 ½t

만드는 법

❶ 양배추잎은 가운데 굵은 줄기를 잘라내고 끓는 물에서 약 3분간 데친 후 식힌다(찜통에서 약 5분간 찐 후 식혀도 된다). 양배추를 꺼낸 후 부추를 5초가량 데쳐 찬물로 식힌다.

❷ 뜨거운 밥에 소금과 참기름을 넣고 섞어 30g씩 뭉친다.

❸ 분량의 재료를 고루 섞어 양념된장을 만든다.

❹ ①의 양배추잎을 5×15cm 크기로 잘라 펼친 뒤 ③의 양념된장을 ⅓t 얹고 그 위에 ②의 밥을 얹어 양배추잎으로 말아 싼다.

❺ ④를 부추로 보기 좋게 묶은 뒤 접시에 담는다.

양배추는 열을 가하면 단맛이 강해지고 식감도 아삭해 숙채 쌈으로 더할 나위 없는 재료다. 데친 양배추를 먹기 좋은 크기로 썬 후 밥과 양념된장을 올려 싼 쌈밥은 씹을수록 가득 배어 나오는 양배추즙과 양념된장이 구수하면서 달큼하게 어우러진다.

근대쌈밥

준비하기

재료

밥 150g, 근대잎 5장(조선간장 ½t, 깨 1t, 참기름 1t, 소금 약간), 다진 우둔살 50g, 소금 1g, 참기름 2t

고기 양념

간장 2t, 설탕 1t, 다진 파 1t, 다진 마늘 ½t, 참기름 ½t, 후춧가루 약간

만드는 법

❶ 근대는 씻어서 굵은 줄기를 잘라낸 후 끓는 물에 소금을 넣고 약 1분간 데쳐 찬물로 식힌다.

❷ ①의 근대를 가볍게 짠 후 분량의 조선간장, 깨, 참기름, 소금을 넣어 무친다. 조선간장이 없으면 소금으로 간을 맞춘다.

❸ 다진 우둔살에 고기 양념 재료를 모두 넣고 양념해 프라이팬에서 보슬보슬하게 볶는다.

❹ 뜨거운 밥에 소금과 참기름을 넣고 섞은 후 ③의 볶은 쇠고기를 섞는다.

❺ ④의 밥을 35~40g 정도 양으로 뭉친다.

❻ ②의 근대잎을 펼치고 ⑤를 말아 싼다.

비타민과 필수아미노산이 풍부한 근대는 잎이 넓고 두툼하면서도 부드럽고 야들야들해 끓는 물에 데친 후 밥을 올려 돌돌 말아 쌈으로 먹기 좋다. 별다른 향 없이 담백해 쌈 채소에 양념을 하거나 강된장, 쌈장 등과 함께 먹어도 맛있다.

김밥

준비하기

재료
밥 150g(소금 ½t, 참기름 1T), 김 1½장, 단무지 30g
당근 양념 당근 50g, 포도씨유 1T, 소금 1t
시금치 양념 시금치 30g, 조선간장 1t, 참기름 1t, 소금 약간
우엉 양념 우엉 30g, 포도씨유 1t, 간장 1t, 설탕 1t, 올리고당 10g
쇠고기 양념 쇠고기 등심 200g, 다진 파 30g, 다진 마늘 1t, 후춧가루 1t
달걀 양념 달걀 5개, 소금 약간

만드는 법

❶ 뜨거운 밥에 소금과 참기름을 넣고 고루 섞어서 식힌다.

❷ 굽지 않은 김은 뜨거운 프라이팬에서 앞뒤를 1~2초씩 굽고, 구운 김밥용 김은 그대로 사용한다.

❸ 당근은 3mm 정도의 굵기로 채 썬 후 프라이팬에 포도씨유를 두르고 볶아서 소금으로 간을 맞춘다.

❹ 시금치는 뿌리를 자르고 씻는다. 끓는 물에 소금을 넣고 파랗게 데친 후 찬물에 식히고, 꼭 짜서 조선간장과 참기름으로 무친다.

❺ 우엉은 솔로 표면을 깨끗이 씻고 당근과 같은 굵기로 채 썬다. 냄비에 포도씨유를 두르고 볶은 다음 간장, 설탕, 올리고당을 넣어 조린다.

❻ 등심은 채 썰어 키친타월로 핏물을 닦은 후 분량의 양념을 넣고 무친다. 30분 후 프라이팬에 올려 물기가 없어질 때까지 볶는다.

❼ 달걀은 풀어서 면포에 밭쳐 짠 후 소금으로 간을 맞추고, 약한 불로 달군 프라이팬에서 1cm 두께로 지단을 부쳐 채 썬다.

❽ 단무지는 1cm 두께의 스틱 형태로 썬다.

❾ 김밥용 대나무 발이나 실리콘 판에 김 1½장을 5분의 1 정도 겹쳐놓고 끝 3cm를 제외한 부분에 ①의 밥을 얇게 펼친다.

❿ 펼친 밥 위에 준비한 재료들을 한 줄씩 가지런히 포개놓고 돌돌 말아 감싸다가 김의 끝부분에 물을 가볍게 바른 후 말아서 붙인다.

⓫ 김밥의 겉 표면에 솔을 이용해 참기름을 바르고 1~1.5cm 두께로 썰어서 그릇이나 도시락에 담는다.

밥과 영양가 높은 다양한 반찬을 한꺼번에, 가장 간편하고 맛있게 먹을 수 있는 방법으로 김밥만 한 게 없다. 뜨거운 밥에 소금과 참기름을 넣어 조미하고, 김은 양념하지 않고 불에 살짝만 구워 사용한다. 각종 채소는 다듬고 채 썰어 볶거나 무치고 조려야 하는 등 손이 많이 가지만, 결과는 만족스럽다. 단단하게 감싸듯이 말아 먹기 좋게 썰어서 내면 간단한 점심으로, 또는 소풍 도시락으로도 최고 메뉴가 된다.

참치샐러드김밥

준비하기

재료

밥 200g(소금 ⅓t, 참기름 2t), 김 2장,
상추 12장, 통조림 참치 100g(레몬즙 1t),
달걀지단(달걀 2개, 소금 ⅓t, 식용유 1T),
당근 100g(소금 ⅓t, 식초 1T, 설탕 2t)

만드는 법

❶ 달걀은 잘 풀어 소금으로 간한 뒤 달군 팬에 식용유를 두르고 얇게 펴 지단을 부친다.

❷ ①의 지단이 식으면 곱게 채 썬다.

❸ 뜨거운 밥에 소금과 참기름을 넣고 섞어 간한다.

❹ 당근은 채 썬 후 소금, 식초, 설탕을 넣어 10분간 절인다. 이때 여분의 수분이 나오면 가볍게 짠다.

❺ 참치는 국물을 꼭 짠 뒤 레몬즙을 뿌려 버무린다.

❻ 김에 ③의 밥을 얇게 펴고 위에 상추 3장을 엇갈려 깐 후 당근, 달걀지단, 참치를 올린 후 당겨가며 단단하게 말아준다.

❼ 먹기 좋게 1.5cm 두께로 썰어 낸다.

참치 통조림은 쉽게 구할 수 있을뿐더러 어떤 식재료와도 잘 어우러지는 가성비 좋은 재료다. 여러 채소와 함께 샐러드로 만들어 먹기에도 좋지만, 김과 밥을 더해 돌돌 말아 먹으면 비할 데 없이 포만감을 준다. 뜨끈한 밥이 참치와 채소를 감싸며 짭조름하면서 산뜻하게 어우러진다. 상추 대신 깻잎을 넣어도 특유의 알싸하고 독특한 풍미를 더할 수 있다.

달걀김밥(키토김밥)

준비하기

재료

김 3장, 달걀지단(달걀 4개, 소금 ½t, 식용유 2T), 오이 1개, 당근 100g(오이와 당근 양념은 소금 ½t, 식초 1T, 설탕 2t), 말린 표고버섯 50g(간장 1T, 설탕 1T, 물엿 2T, 물 1½컵)

만드는 법

❶ 달걀은 잘 풀어 소금으로 간한 뒤 달군 팬에 식용유를 두르고 얇게 펴 지단을 부친다.

❷ ①의 지단이 식으면 곱게 채 썬다.

❸ 오이는 채 썰고, 당근은 채 썬 후 각각 소금·식초·설탕을 넣어 10분간 절인다. 이때 여분의 수분이 나오면 가볍게 짠다.

❹ 표고버섯은 분량의 물에 불린 후 불린 물과 간장, 설탕, 물엿을 넣고 끓인 뒤 양념이 졸아들면 불을 끄고 넓게 펼쳐 식힌다.

❺ 김 한 장은 반으로 자른다.

❻ 김 한 장을 깔고 달걀지단의 절반 분량을 펼쳐서 올린 뒤 ⑤의 반으로 자른 김을 올린다. 그 위에 조린 표고버섯, 오이, 당근을 넣고 단단하게 말아 1.5cm 두께로 썰어 낸다.

마른 김 위에 올려 꾹꾹 눌러 펴서 마는 김밥 속의 밥은 생각보다 적지 않은 양이 들어간다. 밥의 탄수화물을 줄이면서 김밥 맛의 즐거움을 놓치고 싶지 않은 다이어터에게 키토제닉 식단에서 힌트를 얻은 달걀김밥을 추천한다. 밥 대신 달걀지단을 얇게 채 썰어 가득 채우는 것이 포인트.

오색 오미가 모두 든 비빔밥

비빔밥의 본래 이름 골동반은 '어지럽게 섞는다'는 뜻을 지녔다. 잘 지은 밥에 몸에 이로운 온갖 채소와 쇠고기, 고추장이나 간장을 넣어 섞는 밥이니 '골동반'이라는 이름이 명실상부하다. 비빔밥 재료는 지방마다 다르지만 대부분 콩나물·도라지·고사리·시금치나물 등의 숙채류, 볶은 쇠고기, 황포묵이나 청포묵 같은 묵 종류를 오색으로 얹는다. 맨 위에 올리는 고명은 김 가루, 생김, 날달걀, 달걀 프라이 등 지역색과 먹는 이의 식성에 따라 달라진다. 비빔밥에는 여러 재료가 섞이므로 나물이 쉽게 상하지 않도록 물기를 꼭 짜서 무쳐내는 것이 중요하다.

비빔밥

준비하기

재료

밥 쌀 70g, 물 70g

시금치 양념 시금치 100g, 조선간장 ½t, 깻가루 ½t, 참기름 ½t, 소금 약간

당근 양념 당근 40g, 포도씨유 ⅓t, 소금 약간

표고버섯 양념 표고버섯 2개, 포도씨유 1t, 소금 약간

숙주 양념 숙주 70g, 조선간장 ½t, 깻가루 ½t, 참기름 ½t, 소금 약간

쇠고기 양념 등심 50g, 간장 ½T, 설탕 1t, 다진 파 1t, 다진 마늘 ⅓t, 깻가루 ½t, 참기름 ½t, 후춧가루 약간

달걀 양념 달걀 1개, 포도씨유 1t, 소금 약간

약고추장

간 쇠고기 50g, 고추장 3T, 다진 마늘 1t, 꿀 2t, 참기름 1t, 포도씨유 1T, 물 ⅓컵

만드는 법

❶ 쌀은 깨끗이 씻어 30분간 불렸다가 쌀과 같은 분량의 물을 붓고 밥을 짓는다.

❷ 시금치는 뿌리를 자르고 씻는다.

❸ 물 2컵을 끓여 소금을 넣고 ②의 시금치를 약 30초 정도 데친 후 건져서 찬물에 식힌다. 물기를 꼭 짠 다음 2cm 길이로 썰어 조선간장, 깻가루, 참기름을 넣고 무친다.

❹ 당근은 3~4cm 길이로 얇게 썬 후, 프라이팬에 포도씨유를 두르고 볶아서 소금으로 간한다.

❺ 표고버섯은 기둥을 떼고 1mm 두께로 얇게 썰어서 프라이팬에 포도씨유를 두르고 볶아 소금으로 간한다.

❻ 숙주는 씻어서 끓는 물에 1분가량 데쳐서 찬물에 담가 식힌 후 분량의 양념으로 무친다.

❼ 등심은 숙주 굵기로 얇게 썰어서 분량의 재료로 양념해 30분 후 달군 프라이팬에서 볶는다.

❽ 약고추장을 만든다. 달군 프라이팬에 포도씨유를 두르고 다진 마늘을 볶다가 간 쇠고기를 넣어 2분가량 볶는다. 물을 붓고 끓으면 3분 후에 고추장을 넣고 잘 저어 수분이 졸아들도록 한다. 약한 불에서 5분가량 저으면서 볶은 후 꿀과 참기름을 넣고 10초 정도 더 젓다가 불을 끈다. 양념 종지에 담는다.

❾ 큰 볼에 밥과 준비한 채소·고기를 빙 둘러 담고, 달걀을 프라이해 얹는다.

❿ ⑧의 약고추장을 곁들여 개인 취향에 따라 비벼 먹는다.

버섯간장비빔밥

준비하기

재료
밥 150g, 새송이버섯 50g, 애느타리버섯 50g, 만가닥버섯 50g, 표고버섯 2개, 적양파 50g, 쪽파 5줄기, 소금 2t, 포도씨유 2T

양념간장 다진 쪽파 3T, 간장 2T, 설탕 ½t, 볶은 깨 1T, 참기름 1T

만드는 법

❶ 새송이버섯과 표고버섯은 얇게 썬다.

❷ 애느타리버섯과 만가닥버섯은 밑동을 잘라내고 가닥가닥 떼어낸다.

❸ 적양파는 채 썰고, 쪽파는 4cm 길이로 자른다.

❹ 달군 팬에 포도씨유를 두르고 ①, ②, ③을 각각 볶는다. 이때 소금으로 간을 맞춘다.

❺ 그릇에 밥을 담고 ④의 볶은 버섯과 채소들을 얹는다.

❻ 분량의 재료로 만든 양념간장을 곁들여 낸다.

느타리, 표고, 새송이 등 다양한 종류의 버섯을 살짝 볶아낸 후 양념간장을 넣어 쓱쓱 비비면 버섯의 향긋함에 간장의 감칠맛이 어우러진 메뉴가 완성된다. 버섯은 고기와 다를 바 없는 풍성한 맛과 포만감을 주면서도 종류에 따라 각각 다른 영양 성분을 함유해 베지테리언도 만족스럽게 즐길 수 있다.

해초비빔밥

준비하기

재료
밥 150g, 마른미역 5g(조선간장 1t, 다진 마늘 ½t, 참기름 1t), 염장 다시마 10cm, 김 2장, 새우 3마리(소금 약간), 오이 70g, 양파 50g

초고추장
고추장 50g, 식초 1T, 설탕 2t, 생강즙 1t, 소금 약간

만드는 법

❶ 마른미역은 찬물에 30분간 불려서 씻은 후 2cm 길이로 잘라 조선간장, 다진 마늘, 참기름을 넣어 무친 다음 프라이팬에서 3분간 볶는다.

❷ 염장 다시마는 소금을 씻어내고 찬물에 30분간 담가 짠맛을 뺀다. 끓는 물에서 20초가량 데친 후 식혀서 3cm 길이로 채 썬다.

❸ 구운 김을 쓸 경우 손으로 뜯고, 굽지 않은 김을 사용하는 경우에는 달군 팬에서 구워 부수거나 손으로 뜯는다.

❹ 새우는 끓는 물에 소금을 넣고 1~2분가량 익혀서 얼음물에 식힌 후 자른다.

❺ 오이와 양파는 각각 채 썬다.

❻ 그릇에 밥을 담고 준비한 모든 재료를 보기 좋게 얹어 낸다.

❼ 분량의 재료를 섞어 만든 초고추장을 곁들여 낸다. 매운맛을 원하지 않으면 고추장 대신 된장이나 간장을 사용해도 된다.

엽산과 칼륨·식이섬유가 풍부하고 열량이 낮은 미역, 파래, 김 등의 해초류 또한 비빔밥의 훌륭한 재료다. 채 썬 오이와 양파, 데친 새우를 올려 맛과 식감의 균형을 잡고, 식초와 고추장을 섞어 단맛과 새콤한 맛이 나는 초고추장을 첨가해 비비면 해초 특유의 비린 맛을 잡아줄 뿐 아니라 식욕까지 돋워준다.

생채불고기비빔밥

준비하기

재료

밥 150g, 로메인 2장, 상추 2장, 치커리 2장, 비트잎 3장, 롤라로사 3장, 등심 70g, 포도씨유 1T

고기 양념장

간장 2T, 물 ½컵, 설탕 1T, 다진 파 2T, 다진 양파 2T, 다진 마늘 2t, 볶은 깨 1T, 참기름 1T, 후춧가루 약간

만드는 법

❶ 생채소들은 각각 씻어서 물기를 제거한 후 손으로 작게 뜯거나 썬다.

❷ 등심은 2mm 두께로 얇게 썰어 종이 타월로 싸서 핏물을 닦는다.

❸ 분량의 재료를 섞어 만든 고기 양념장에 ②의 등심을 한 장씩 적신 후 1시간 이상 재어둔다.

❹ 그릇에 밥과 ①의 채소들을 담는다.

❺ 달군 팬에 포도씨유를 두르고 ③의 고기와 양념 국물을 모두 넣어 익힌다.

❻ ⑤의 고기를 ④에 얹고 양념 국물을 끼얹는다.

한국인 남녀노소는 물론 외국인도 두루 좋아하고 즐겨 먹는 한식 메뉴 불고기를 넣은 비빔밥. 불고기 양념을 넣어 잰 후 구운 등심을 따뜻한 밥 위에 올린다. 짭조름하면서 달큰한 불고기에 상추, 로메인, 비트잎 등 신선한 녹색 채소를 먹기 좋게 썰어 넣고 함께 비벼 먹으면 영양을 보충하면서 상큼하고 아삭한 식감을 맛볼 수 있다.

만두를 빚기 전에

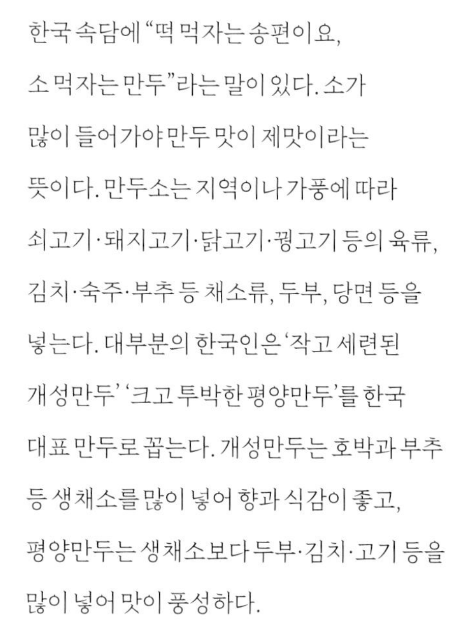

한국 속담에 "떡 먹자는 송편이요, 소 먹자는 만두"라는 말이 있다. 소가 많이 들어가야 만두 맛이 제맛이라는 뜻이다. 만두소는 지역이나 가풍에 따라 쇠고기·돼지고기·닭고기·꿩고기 등의 육류, 김치·숙주·부추 등 채소류, 두부, 당면 등을 넣는다. 대부분의 한국인은 '작고 세련된 개성만두' '크고 투박한 평양만두'를 한국 대표 만두로 꼽는다. 개성만두는 호박과 부추 등 생채소를 많이 넣어 향과 식감이 좋고, 평양만두는 생채소보다 두부·김치·고기 등을 많이 넣어 맛이 풍성하다.

만두

준비하기

재료

만두피
밀가루 2컵, 소금 ¼t, 물 ⅔컵

만두소
김치 150g, 간 돼지고기(또는 쇠고기) 100g, 두부 100g, 숙주 100g, 실파 30g, 소금 ½t, 깻가루 1T, 참기름 1T, 후춧가루 약간

만두 간장
간장 ½T, 식초 ½T, 고춧가루 ¼t, 깻가루 ½t

만드는 법

❶ 밀가루에 소금을 넣고 물을 조금씩 부어가며 뭉친 후 약 5분간 주물러 반죽해서 랩으로 싼다. 1시간 이상 냉장고에서 숙성시킨다.

❷ 김치는 씻어 물기를 짠 후 0.5cm 크기로 잘게 썰고, 간 고기는 종이 타월로 싸서 핏물을 뺀다.

❸ 두부는 면포에 싸서 으깨면서 물기를 꼭 짠다.

❹ 숙주는 끓는 물에 넣고 1분가량 데친 후, 찬물에 담가 건져 식힌 다음 1cm 길이로 썰어 물기를 짠다.

❺ 실파는 0.5cm 길이로 썬다.

❻ 볼에 ②~⑤를 모두 담아 합한 후 소금, 깻가루, 참기름, 후춧가루를 넣고 고루 섞이도록 양념한다.

❼ ①의 반죽을 지름이 3cm 정도의 둥근 막대 형태로 만든 후, 2cm 길이로 잘라 밀대로 얇게 밀어 만두피를 만든다.

❽ 만두피에 ⑥의 만두소를 넣고 가장자리에 물을 살짝 바른 후 접어서 꼭꼭 눌러 붙인 다음 양 끝을 맞붙인다.

❾ 찜통에 면포를 깔고 김이 오르면 ⑧의 만두를 놓고 약 10분간 찐 다음 표면 전체에 찬물을 뿌리고 꺼낸다.

❿ 분량의 재료를 모두 섞어 만두 간장을 만든다.

⓫ 만두를 접시에 담고 만두 간장을 곁들여 낸다.

밀가루 반죽을 얇게 밀어 모양을 잡은 만두피에 고기, 채소, 두부 등으로 만든 소를 넣어 정성스럽게 빚은 만두는 허기를 달래는 최고의 별미 중 하나다. 김이 모락모락 나게 익힌 후 바로 꺼내어 한 입 베어 물면 몰랑몰랑 촉촉한 만두피와 만두소가 입안을 꽉 채운다.

만둣국

준비하기

재료

만두 5개, 달걀 1개, 쪽파 2줄기,
후춧가루·소금 약간씩

사골 국물

소 다리뼈 2cm 두께 3개, 양지 50g,
소금 2g

만드는 법

❶ 소뼈와 양지는 3시간 이상 찬물에 담가 핏물을 뺀 후 끓는 물에 1분가량 끓여서 물을 버린다.

❷ ①을 5시간가량 거품이나 이물질을 걷어내면서 끓인다. 뽀얀 국물이 나오면 걸러서 육수를 받는다.

❸ 달걀은 노른자와 흰자를 분리해 각각 지단을 부친 다음 마름모꼴로 자른다.

❹ 쪽파는 3cm 길이로 자른다.

❺ ②의 육수를 냄비에 붓고 끓으면 만두를 넣어 떠오를 때까지 끓인 후 소금 2g을 넣어 간을 맞춘다.

❻ 만두를 그릇에 담고 쪽파와 지단 고명을 얹고 국물을 부어 낸다.

❼ 기호에 맞추어 소금과 후춧가루로 간을 한다.

*쇠고기 육수, 닭 육수, 멸치 국물, 채소 국물 등 모두 사용할 수 있다.

만두를 사골 국물에 넣어 끓인 만둣국은 진한 국물 맛까지 더해져 속을 든든하게 채워준다. 깊이 우러난 사골 맛을 원한다면 쇠고기 육수나 닭 육수를, 깔끔하고 정갈한 국물 맛을 좋아하면 멸치나 채소 우린 국물을 사용해도 좋다.

굴림만두

준비하기

재료

등심 200g(소금 ½t, 참기름 1t, 후춧가루 약간), 애호박 1개, 양파 100g, 두부 200g, 쪽파 30g, 달걀 2개, 감자 전분 80g, 밀가루 80g, 깨 2t, 소금·후춧가루·참기름 약간씩, 만두 삶는 물(물 4컵, 조선간장 2T)

초간장

간장 1T, 식초 1T, 생수 ½T

만드는 법

❶ 등심은 다져서 종이 타월로 싸서 핏물을 뺀 후 소금, 참기름, 후춧가루로 양념한다.

❷ 애호박과 양파는 채 썬 후 소금을 넣어 절인 후 각각 팬에서 볶는다.

❸ 두부는 으깨서 물기를 짜고, 쪽파는 0.5cm 길이로 자른다.

❹ 달걀은 풀어서 달걀물을 만든다.

❺ 감자 전분과 밀가루를 섞는다.

❻ ①, ②, ③, ④를 모두 합해 깨, 소금, 후춧가루, 참기름으로 양념한다.

❼ ⑥을 30~40g 정도의 크기로 둥글게 만들어 ⑤의 가루에 굴린다. 5~10분 정도 지나 습기에 젖어들면 다시 한번 굴려서 가루를 씌우고, 30분 정도 두어 수분이 촉촉해지도록 한다.

❽ 냄비에 분량의 물을 붓고 끓여서 조선간장으로 간한 후 ⑦의 만두를 넣고 끓인다.

❾ ⑧의 만두를 접시에 담고 초간장과 함께 낸다.

*육수에 넣고 끓여서 만둣국으로 만들어도 된다.

평안도에서 즐겨 먹던 겨울철 향토 음식. 만두피 없이 만두소만 동그랗게 완자로 빚은 뒤 밀가루에 굴려 삶아 맑은 육수에 끓여 먹는 독특한 형태의 만두다. 만두소를 고루 치대어 빚고 밀가루를 충분히 묻혀야 삶을 때 풀어지지 않고 단단한 모양새로 완성된다.

편수

준비하기

재료

만두피 20장(중력분 4컵, 물 230cc), 다진 쇠고기 100g, 오이 2개, 표고버섯 4개, 애호박 10cm, 달걀지단 2장, 밀가루(덧가루)·소금 약간씩

쇠고기 양념

간장 ½T, 소금·후춧가루·참기름 약간씩

만드는 법

❶ 오이는 채 썰어 소금을 넣고 간한 후 면포로 싸서 물기를 꼭 짠다.

❷ 표고버섯은 곱게 채 썰고, 애호박도 채 썰어 달군 팬에 넣고 볶다가 소금으로 간한 후 접시에 펼쳐놓는다. 달걀지단도 채 썬다.

❸ 다진 쇠고기는 간장, 소금, 후춧가루, 참기름을 넣어 버무린 후 볶는다.

❹ ①, ②, ③을 모두 섞어 만두소를 만든다.

❺ 분량의 밀가루와 물을 섞어 만두피를 만든다. 표면이 매끈하고 탄력이 느껴질 때까지 반죽한 후 랩을 씌워 밀봉해서 냉장고에 최소 1시간 이상 넣어둔다.

❻ ⑤를 주먹 반 개 크기로 소분한 후 가래떡 모양으로 길쭉하게 민다.

❼ ⑥을 1.5~2cm 두께로 도톰하게 썬 후 동글납작하게 만들어 밀가루를 살짝 묻혀 밀대로 민다.

❽ ⑦의 만두피에 ④의 만두소를 넣고 네모나게 모양내어 싼다.

본래 개성 지방의 향토 음식으로 음력 6월 15일 유두절에 즐겨 먹은 편수는 '물 위에 조각이 떠 있는 모양'이라는 의미를 담아 이름을 붙였다. 빚은 모양새부터 남다른데, 만두소를 넣은 후 보자기처럼 네모난 모양으로 네 귀퉁이를 야무지게 마주 잡아 빚는다. 쪄낸 후 찬물을 끼얹어 식히고, 식힌 장국을 부어 먹는 여름철의 별미다. 쪄서 그대로 초간장에 찍어 먹어도 맛있다.

참나물만두

준비하기

재료

만두피(밀가루 2컵, 소금 ½t, 물 150cc),
참나물 500g(소금 ½t, 참기름 2t),
다진 고기 50g, 두부 200g(소금 ½t), 볶은 깨 1T, 참기름 2t, 포도씨유 약간,
밀가루(덧가루) ½컵

고기 양념

다진 파 1t, 다진 마늘 ½t, 다진 양파 1T,
소금 ⅓t, 후춧가루 약간

초간장

간장 1t, 식초 1t, 물 1t,
기호에 따라 깨 약간

만드는 법

❶ 분량의 물에 소금을 녹이고 밀가루를 섞어 반죽한 후, 랩으로 싸서 냉장고에 넣어 30분~1시간가량 숙성시킨다.

❷ 참나물은 질긴 부분을 잘라내고 씻은 후 끓는 물에 1~2분가량 데쳐 찬물에 식혀 물기를 짠다.

❸ ②의 참나물을 1cm 간격으로 자른 후 소금과 참기름을 넣고 가볍게 무친다.

❹ 다진 고기는 분량의 재료를 넣어 양념한 후, 팬에 포도씨유를 두르고 볶아서 식힌다.

❺ 두부는 면포로 싸서 물기를 꼭 짜고 소금을 넣어 간을 맞춘다.

❻ ③, ④, ⑤를 모두 합해 볶은 깨와 참기름을 뿌려 양념한다.

❼ ①의 숙성된 반죽을 30g 정도 크기로 떼어 밀가루를 묻힌 후 밀대로 2mm 정도의 두께로 밀어 둥글게 만든다. 파스타용 기계로 얇게 밀어서 지름 10cm 정도의 둥근 커터로 찍는 방법도 가능하다.

❽ ⑦의 만두피에 ⑥의 만두소를 넣고 반으로 접어 붙인 후, 두 손가락으로 맞붙여가며 모양을 만든다.

❾ 찜통의 김이 오르면 ⑧의 만두를 얹고 약 10분간 찐 다음 만두 표면에 찬물을 뿌리고 꺼내어 접시에 담는다.

❿ 분량의 재료를 섞어 만든 초간장을 작은 종지에 담아 곁들여 낸다.

특유의 향미를 지닌 참나물을 주재료로 만든 소를 채운 후 길쭉한 반달 모양의 교자만두로 빚는다. 얇은 만두피 안에서 참나물이 톡 터지며 부드럽고 향긋한 풍미가 입안 가득 스민다. 특히 참나물은 섬유질과 베타카로틴이 풍부한 알칼리성식품이라 고기를 넣은 소보다 소화도 더 잘되는 영양적 장점이 있다.

함께한 사람들

자문과 감수

정혜경

호서대학교 식품영양학과 교수로 재직 중이며, 한국식생활문화학회 회장과 대한가정학회 회장을 역임했다. 한국 음식 문화의 역사와 과학성에 매료돼 30년 이상 한국의 밥과 장, 전통주 문화, 고조리서, 종가 음식 등을 연구해왔다. 또 한식의 과학화를 위해 김치 품질 측정기, 한방 맥주 등의 제품 특허를 취득하기도 했다. <천년 한식 견문록> <밥의 인문학> <채소의 인문학> <고기의 인문학> 등의 저서가 있다.

요리 자문과 요리

조희숙

한식 본연의 맛과 한식의 매력을 전 세계에 알리는 데 앞장서고 있다. 세종호텔, 노보텔 앰배서더 호텔, 그랜드 인터컨티넨탈 호텔, 신라호텔 등의 한식당을 거쳐, 2005년 미국 워싱턴 주재 한국 대사관저의 총주방장을 맡았다. 한식 다이닝 레스토랑 '한식공간'의 오너 셰프로 일했다. '한식의 대모' '셰프들의 스승'이라 불리며, 2020년 아시아 50 베스트 레스토랑 어워드에서 '2020 아시아 최고의 여성 셰프'로 선정됐다.

요리

김정은

배화여자대학교 전통조리학과 교수이자 요리 연구가. 레스토랑, 카페, 기업 등 여러 업체의 컨설팅을 맡았으며 TV 방송과 잡지, 각종 캠페인 등을 통해 한식을 알리는 다양한 활동을 하고 있다. 저서로는 <小식구 밥상> <감칠맛의 비밀> 등이 있다.

글

주영하

서강대학교에서 역사학을, 한양대학교 대학원에서 문화인류학을 공부하고 중국 중앙민족대학교 대학원 민족학·사회학 대학에서 민족학(문화인류학) 박사 학위를 받았다. 현재 한국학중앙연구원 한국학대학원 민속학 담당 교수로 재직하고 있다. 저서 <그림 속의 음식, 음식 속의 역사> <음식인문학> <식탁 위의 한국사> <한국인, 무엇을 먹고 살았나> <중국 중국인 중국음식> <맛있는 세계사> 등을 통해 음식의 역사와 문화가 지닌 세계사적 맥락을 살피는 연구를 꾸준히 하고 있다.

이근이

노동이 소외된 도시의 삶을 뒤로하고, 생태적으로 순환하는 삶을 살기 위해 농부가 되었다. 석유와 농약, 화학비료가 없던 100년 전 한국의 전통 농업이야말로 유기 순환 농사의 기본으로 알고, 이를 익히고 실천하며 토종 벼농사와 밭농사를 짓고 있다. 현재 도시 농부 공동체 '우보농장' 대표, 토종벼를 연구·재배해 나누는 모임 '전국토종벼농부들' 대표로 있다.

한성우

인하대학교 한국어문학과 교수로 우리말과 관련한 다양한 분야의 글을 쓰고 있다. 저서로 <우리 음식의 언어> <방언정담> <노래의 언어> 등이 있다.

윤덕노

음식 문화 칼럼니스트 겸 음식 문화 저술가다. 음식이야말로 한 나라를 대표하는 문화 아이콘이라는 생각으로 음식에 얽힌 역사와 문화를 발굴해 스토리를 입히는 작업에 앞장서고 있다. <매일경제신문> 사회부장·국제부장·부국장을 역임했으며, 미국 클리블랜드 주립대학교 객원 연구원을 지냈다. <음식으로 읽는 한국 생활사> <음식이 상식이다> <신의 선물 밥> 등 음식 문화와 관련한 다수의 저서를 출간했다.

고영

대학에서 고전문학을 공부했다. 고전문학 작품을 번역하던 중 밥 한 끼 짓고 먹기 위해 사람들이 해온 행동에 대해 무지함을 깨닫고 음식의 실체를 파고들게 되었다. 펴낸 책으로 <다모와 검녀> <샛별 같은 눈을 감고 치마폭을 무릅쓰고 심청전> <아버지의 세계에서 쫓겨난 자들 장화홍련전> <높은 바위 바람 분들 푸른 나무 눈이 온들 춘향> <게 누구요 날 찾는 게 누구요 토끼전> <반갑다 제비야 박씨를 문 내 제비야 흥부전> <허생전 공부만 한다고 돈이 나올까> <거짓말 상회>(공저) <카스테라와 카스텔라 사이>가 있다. 이 가운데 '토끼전'은 2016년 세종도서에, '허생전'은 2017년 올해의청소년도서에 선정되었다.

정종수

중앙대학교 대학원에서 '조선 초기 상·장의례 연구'로 박사 학위를 받았다. 오랫동안 역사민속학과 상·장례에 관해 연구했으며, 국립춘천박물관 관장, 국립민속박물관 유물과학과 과장, 국립고궁박물관 관장을 역임했다. 저서로 <계룡산> <풍수로 본 우리 문화 이야기> <사람의 한평생> 등이 있다.

한복려

국가무형문화재 제38호 조선왕조 궁중음식 기능보유자다. 궁중음식연구원 원장 겸 궁중음식문화재단 이사장으로 활동 중이며, 한국 전통 음식의 학문적 연구와 조리 기능 전수에 매진하고 있다. MBC 드라마 <대장금>에서 궁중 음식 자문과 제작을 맡아 전 세계에 한식을 알리는 데 기여했다. 저서로는 <조선왕조 궁중음식> <한국인의 장> <우리가 정말 알아야 할 우리 김치 백 가지> <다시 보고 배우는 산가요록> 등이 있다.

강헌

음악평론가로 꽤 오랫동안 살았고, 대학에서 대중음악사를 20년 동안 가르쳤다. 평생 즐겨온 술과 음식을 연결해 음식 프로그램을 진행하기도 했다. 음악부터 와인·축구·명리학에 이르는 다양한 강좌를 열고, 글을 썼다. 이후 명리학에 몰두해 '哲공소'라는 이름의 작은 명리학 연구소를 열고, <전복과 반전의 순간> <명리-운명을 읽다>라는 책도 펴냈다.

색인

사진과 그림 저작권

K
FO
OD

한식의 비밀

기획	<행복이 가득한 집>
편집장	구선숙
아트 디렉팅	김홍숙
책임 편집	최혜경
자문	정혜경
요리 자문	조희숙
요리	조희숙, 김정은
진행	이정주
비주얼 디렉팅	서영희
사진	박찬우
스타일링	민들레
미디어 부문장	김은령
영업부	문상식, 소은주
제작부	정현석, 민나영
출력	새빛그래픽스
인쇄	문성인쇄
발행인	이영혜
1판 1쇄	펴낸날 2021년 9월 30일
1판 2쇄	펴낸날 2021년 12월 15일
발행 공급처	(주)디자인하우스 서울시 중구 동호로 272 www.designhouse.co.kr
등록	1987년 4월 9일, 라-3270
대표전화	02-2275-6151
판매 문의	02-2263-6900
ISBN	978-89-7041-745-5 (14590)
값	200,000원(5권 세트)

이 책은 오뚜기함태호재단의 지원을 받아 만들었습니다.